Python机器学习
实践指南

〔美〕Alexander T. Combs 著

黄申 译

U0240515

人民邮电出版社

北京

图书在版编目（CIP）数据

Python机器学习实践指南 ／（美）库姆斯
(Alexander T. Combs) 著；黄申译. -- 北京 ：人民邮
电出版社，2017.5
书名原文：Python Machine Learning Blueprints
ISBN 978-7-115-44906-1

Ⅰ. ①P… Ⅱ. ①库… ②黄… Ⅲ. ①软件工具－程序
设计－指南 Ⅳ. ①TP311.561-62

中国版本图书馆CIP数据核字(2017)第050069号

版权声明

- ◆ 著　　　　[美] Alexander T. Combs
  译　　　　黄　申
  责任编辑　陈冀康
  责任印制　焦志炜
- ◆ 人民邮电出版社出版发行　　北京市丰台区成寿寺路 11 号
  邮编　100164　电子邮件　315@ptpress.com.cn
  网址　http://www.ptpress.com.cn
  北京天宇星印刷厂印刷
- ◆ 开本：800×1000　1/16
  印张：17　　　　　　　　2017 年 5 月第 1 版
  字数：330 千字　　　　　2024 年 7 月北京第 14 次印刷
  著作权合同登记号　图字：01-2016-7608 号

定价：69.00 元

读者服务热线：(010)81055410　印装质量热线：(010)81055316
反盗版热线：(010)81055315
广告经营许可证：京东市监广登字 20170147 号

内容提要

机器学习是近年来渐趋热门的一个领域，同时 Python 语言经过一段时间的发展也已逐渐成为主流的编程语言之一。本书结合了机器学习和 Python 语言两个热门的领域，通过易于理解的项目详细讲述了如何构建真实的机器学习应用程序。

全书共有 10 章。第 1 章讲解了 Python 机器学习的生态系统，剩余 9 章介绍了众多与机器学习相关的算法，包括聚类算法、推荐引擎等，主要包括机器学习在公寓、机票、IPO 市场、新闻源、内容推广、股票市场、图像、聊天机器人和推荐引擎等方面的应用。

本书适合 Python 程序员、数据分析人员、对算法感兴趣的读者、机器学习领域的从业人员及科研人员阅读。

作者简介

　　Alexander T. Combs 是一位经验丰富的数据科学家、策略师和开发人员。他有金融数据抽取、自然语言处理和生成，以及定量和统计建模的背景。他目前是纽约沉浸式数据科学项目的一名全职资深讲师。

审阅者简介

    Kushal Khandelwal 是一位数据科学家和全栈开发人员。他的兴趣包括构建可扩展的机器学习和图像处理的软件应用。他擅长 Python 编码，并对各种开源项目做出了积极的贡献。他目前担任 Truce.in 的技术主管，这是一家以农民为中心的创业公司，Kushal 致力于创建可扩展的 Web 应用程序来帮助农民。

译者简介

　　黄申博士，现任 IBM 研究院资深科学家，毕业于上海交通大学计算机科学与工程专业，师从俞勇教授。微软学者、IBM ExtremeBlue 天才计划成员。长期专注于大数据相关的搜索、推荐、广告以及用户精准化领域。曾在微软亚洲研究院、eBay 中国、沃尔玛 1 号店（现京东 1 号店）和大润发飞牛网担任要职，带队完成了若干公司级的战略项目。同时发表了 20 多篇国际论文，并拥有 10 多项国际专利，《计算机工程》特邀审稿专家，《Elasticsearch 实战》中文版的译者，2016 年出版的《大数据架构商业之路》一书销量和口碑双赢，续作《大数据架构和算法实现之路》将于 2017 年中出版。2015 年，因对业界做出卓越贡献，获得美国政府颁发的"美国杰出人才"称号。

译者序

谈到为什么要翻译这本书，还是一段机缘巧合。那是 2015 年的下半年，当时我正在撰写自己的原创书籍《大数据架构商业之路：从业务需求到技术方案》。在那本书中，我希望结合一个创业的故事，展示各个阶段可能遇到的大数据课题、业务需求，以及相对应的技术方案，甚至是实践解析。其中，最挑战的部分莫过于案例的分析到技术方案，再到框架编码的逐步展开。因为之前对于这种写作模式没有相关的经验，让人很是苦恼。我也搜寻了市面上相关的中英文书籍，可惜并未发现特别好的范例作为参考。

一次偶然的机会，我在 Amazon.com 上发现了 Alexander T. Combs 的《Python Machine Learning Blueprints》。当时此书尚未出版，还是试读本。在阅读样章之后我发现这种写作模式就是我想要的，没有太多的理论和说教，而是结合我们日常生活都会经历的方方面面，包括房产、金融、旅游和电子商务等，提供了可以直接上手的教学内容，让读者可以身临其境，乐在其中，轻松了解机器学习的实用知识。这正是我想要学习的风格！于是我采纳了这种模式，并结合自己的项目经验，一口气完成了《大数据架构商业之路：从业务需求到技术方案》一书。上市之后，读者对这种理论和案例相结合的方式很是赞许。所以，我对《Python Machine Learning Blueprints》一书心存感激，对它何时上市也很是关注。

终于，2016 年的 7 月底，该书的英文版正式发行。我迫不及待地阅读完了原版，和当初试读的感觉一样，这是一本很有创意的书，而且 Python 和机器学习都是最近几年的技术热点，如果能将这么棒的内容介绍给广大国内的读者，那是多么令人激动的事情！于是，我抱着试试看的心态，联系了人民邮电出版社的编辑陈冀康老师。很幸运，当时此书还没有译者，陈老师审阅我的试译稿之后也表示满意，于是我很荣幸地成为了此书的译者。

不过在翻译的过程中，我也发现了不少细节上的疑问，于是我主动联系了原书的作者 Alexander，他总是非常仔细地解答这些问题，使得我信心大增，可以确保译文尽可能地贴近原文。而编辑陈老师也对此举表示了充分的肯定。在此，我要对 Alexander 和陈老师的帮助表示衷心的感谢。当然，我也要感谢父母和妻儿的支持，为了此书，我陪伴你们的时间更少了，而你们丝毫没有怨言，让我可以安心地完成每次的写作。

在翻译此书的岁月中，Python、机器学习及其应用在国内外都获得了空前的关注，相关的社区也保持了非常好的活跃度，相信这个技术方向在将来还有很大的空间。希望本书能帮助到每一位热爱 Python 和机器学习的朋友，为中国的人工智能事业尽一份绵薄之力。如果您对本书中的技术细节感兴趣，可以通过如下渠道联系我，很期待和大家的互动和交流。

QQ	36638279
微信	18616692855
邮箱	s_huang790228@hotmail.com
LinkedIn	https://cn.linkedin.com/in/shuang790228

扫一扫就能微信联系作者：　　　　　　　　　个人　　　　　　　　　公众号

前言

机器学习正在迅速成为数据驱动型世界的一个必备模块。许多不同的领域如机器人、医学、零售和出版等，都需要依赖这门技术。在这本书中，你将学习如何一步步构建真实的机器学习应用程序。

通过易于理解的项目，你将学习如何处理各种类型的数据，如何以及何时应用不同的机器学习技术，包括监督学习和无监督学习。

本书中的每个项目都同时提供了教学和实践。例如，你将学习如何使用聚类技术来发现低价的机票，以及如何使用线性回归找到一间便宜的公寓。本书以通俗易懂、简洁明了的方式，教你如何使用机器学习来收集、分析并操作大量的数据。

本书涵盖的内容

第 1 章，Python 机器学习的生态系统，深入 Python，它有一个深度活跃的开发者社区，而且许多开发者来自科学社区。这为 Python 提供了丰富的科学计算库。在本章中，我们将讨论这些关键库的特性以及如何准备你的环境，以最好地利用它们。

第 2 章，构建应用程序，发现低价的公寓，指导我们构建第一个机器学习应用程序，我们从一个最小但实际的例子开始：建设应用程序来识别低价的公寓。到本章结束，我们将创建一个应用程序，使得寻找合适的公寓变得更容易点。

第 3 章，构建应用程序，发现低价的机票，演示了如何构建应用程序来不断地监测票价。一旦出现异常价格，应用程序将提醒我们，可以快速采取行动。

第 4 章，使用逻辑回归预测 IPO 市场，展示了我们如何使用机器学习决定哪些 IPO 值得仔细研究，而哪些可以直接跳过。

第 5 章，创建自定义的新闻源，介绍如何构建一个系统，它会了解你对于新闻的品味，而且每天都可以为你提供个性化的新闻资讯。

第 6 章，预测你的内容是否会广为流传，检查一些被大家广泛分享的内容，并试图找到这种内容相对于其他人们不愿分享的内容有哪些特点。

第 7 章，使用机器学习预测股票市场，讨论如何构建和测试交易策略。当你试图设计属于自己的系统时，有无数的陷阱要避免，这是一个几乎不可能完成的任务。但是，这个过程有很多的乐趣，而且有的时候，它甚至可以帮你盈利。

第 8 章，建立图像相似度的引擎，帮助你构建高级的、基于图像的深度学习应用。我们还将涵盖深度学习的算法来了解为什么它们是如此的重要，以及为什么它们成为了最近研究的热点。

第 9 章，打造聊天机器人，演示如何从头构建一个聊天机器人。读完之后，你将了解更多关于该领域的历史及其未来前景。

第 10 章，构建推荐引擎，探讨不同类型的推荐系统。我们将看到它们在商业中是如何实现和运作的。我们还将实现自己的推荐引擎来查找 GitHub 资料库。

阅读本书需要准备什么

你需要的是 Python 3.x 和建立真实机器学习项目的渴望。你可以参考随本书的详细代码列表。

本书的读者

本书的目标读者包括了解数据科学的 Python 程序员、数据科学家、架构师，以及想要构建完整的、基于 Python 的机器学习系统的人员。

约定

在这本书中，你会发现许多文本样式，以区分不同种类的信息。这里是某些样式的例子和它们的含义。

文本中的代码、数据库表名称、文件夹名称、文件名、文件扩展名、路径名、虚构的 URL、用户输入和 Twitter 句柄如下所示："这点可以通过在我们的数据框上调用.corr()来实现。"

代码块的格式设置如下。

```
<category>
    <pattern>I LIKE TURTLES</pattern>
    <template>I feel like this whole <set name="topic">turle</set>
    thing could be a problem. What do you like about them?</template>
</category>
```

任何命令行输入或输出的写法如下。

```
sp = pd.read_csv(r'/Users/alexcombs/Downloads/spy.csv')
sp.sort_values('Date', inplace=True)
```

新术语和重要词语以粗体显示。

读者反馈

我们非常欢迎读者的反馈。让我们知道你对这本书有什么想法——你喜欢哪些内容或不喜欢哪些内容。读者的反馈对我们而言很重要，因为它有助于我们打造各种主题，而且让你获益更多。

对于一般的反馈，通过电子邮件 feedback@packtpub.com 发送，并在消息的主题中提及书的标题。

如果你擅长某个专业的主题，并且你有兴趣撰写或合著一本书，请参阅我们的作者指南 www.packtpub.com/authors。

客户支持

现在你是一名自豪的 Packt 书籍所有者，我们将做一些事情来帮助你从这次购买中获得最大收益。

下载示例代码

在 http://www.packtpub.com，你可以通过自己的账户来下载此书的示例代码文件。如果你在其他地方购买此书，你可以访问 http://www.packtpub.com/support 并注册，我们将文件直接发送给你。

你可以通过以下步骤下载代码文件。

1. 使用你的电子邮件地址和密码登录或注册我们的网站。

2. 将光标指针悬停在顶部的 SUPPORT 选项卡上。

3. 单击 Code Downloads & Errata。

4. 在搜索框 Search 中输入书籍的名称。

5. 选择你要下载代码文件的图书。

6. 在下拉菜单中，选择你在哪里购买的此书。

7. 单击 Code Download。

在 Packt Publishing 的网站上，你也可以单击该书主页上的 Code Files 按钮来下载代码文件。可以在搜索框中输入图书的名称来访问其主页。请注意，你需要登录到你的 Packt 账户。

一旦文件下载完毕，请确保使用以下软件的最新版本来解压缩或提取文件夹。

- Windows 版 WinRAR / 7-Zip。
- Mac 版 Zipeg / iZip / UnRarX。
- Linux 版 7-Zip / PeaZip。

该书的代码包也托管在 GitHub 上：https://github.com/packtpublishing/pythonmachinelearningblueprints。我们还有丰富的来自其他书籍的代码包和视频，位于 https://github.com/PacktPublishing/。去看一下吧！

勘误

虽然我们已经采取一切谨慎的措施，以确保内容的准确性，但错误在所难免。如果你在我们的书中发现一个错误——也许在正文中，也许在代码中——请向我们报告，我们将非常感激。这样，你可以让其他读者避免挫折，并帮助我们改进本书的后续版本。如果你发现任何错误，请访问这个链接进行报告：http://www.packtpub.com/submit-errata，选择你的书，单击 Errata Submission Form 链接，然后输入错误的详细信息。一旦此勘误通过验证，你的提交将被接受，勘误信息将被上传到我们的网站或添加到任何该主题 Errata 部分现有的勘误表。

要查看以前提交的勘误，请访问 https://www.packtpub.com/books/content/support 并在搜索字段中输入书籍的名称。所需信息将出现在 Errata 部分中。

盗版行为

在互联网上出现正版材料的盗版，是所有媒体面临的一个持续性的问题。在 Packt，我们非常重视版权和许可的保护。如果你在互联网上，发现我们作品任何形式的非法副本，请立即向我们提供地址或网站名称，以便我们请求补偿。

请通过 copyright@packtpub.com 与我们联系，并提供疑似盗版材料的链接。

我们感谢你的帮助，这样可以保护我们的作者，并让我们继续为你提供宝贵的内容。

疑问

如果你对本书的任何方面有问题，可以通过 questions@packtpub.com 与我们联系，我们将尽最大努力解决这个问题。

目录

第 1 章
Python 机器学习的生态系统

机器学习正在迅速改变我们的世界。作为人工智能的核心，我们几乎每天都会读到机器学习如何改变日常的生活。一些人认为它会带领我们进入一个风格奇异的高科技乌托邦；而另一些人认为我们正迈向一个高科技天启时代，将与窃取我们工作机会的机器人和无人机敢死队进行持久的战争。不过，虽然权威专家们可能会喜欢讨论这些夸张的未来，但更为平凡的现实是，机器学习正在快速成为我们日常生活的固定装备。随着我们微小但循序渐进地改进自身与计算机以及周围世界之间的互动，机器学习正在悄悄地改善着我们的生活。

如果你在 Amazon.com 这样的在线零售商店购物，使用 Spotify 或 Netflix 这样的流媒体音乐或电影服务，甚至只是执行一次 Google 搜索，你就已经触碰到了机器学习的应用。使用这些服务的用户会产生数据，这些数据会被收集、汇总并送入模型，而模型最终会为每个用户创建个性化的体验来完善服务。

想要深入到机器学习应用的开发中，现在就是一个理想的时机。你会发现，Python 是开发这些应用的理想选择。Python 拥有一个深度的、活跃的开发者社区，许多开发者也来自科学家的社区。这为 Python 提供了一组丰富的科学计算库。在本书中，我们将讨论并使用这些来自 Python 科学栈的库。

在接下来的章节中，我们将一步步学习如何建立各种不同的机器学习应用。但是，在真正开始之前，我们将使用本章剩下的篇幅讨论这些关键库的特性，以及如何准备能充分利用它们的环境。

我们将在本章中介绍以下主题。

- 数据科学/机器学习的工作流程。

- 工作流中每个阶段的库。

- 设置你的环境。

1.1 数据科学/机器学习的工作流程

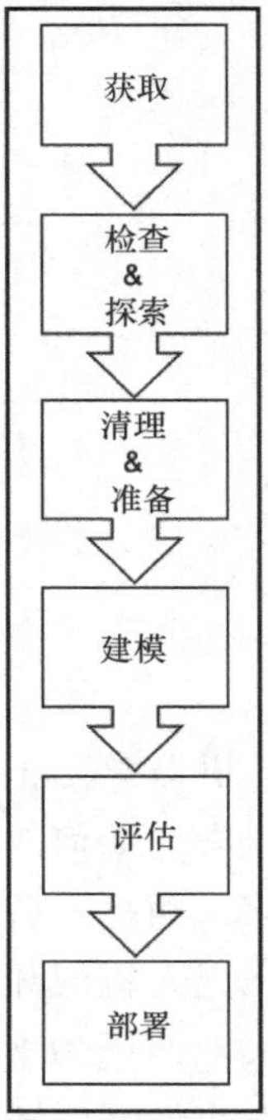

打造机器学习的应用程序，与标准的工程范例在许多方面都是类似的，不过有一个非常重要的方法有所不同：需要将数据作为原材料来处理。数据项目成功与否，很大程度上依赖于你所获数据的质量，以及它是如何被处理的。由于数据的使用属于数据科学的领域，理解数据科学的工作流程对于我们也有所帮助：整个过程要按照图 1-1 中的顺序，完成六个步骤：获取，检查和探索，清理和准备，建模，评估和最后的部署。

在这个过程中，还经常需要绕回到之前的步骤，例如检查和准备数据，或者是评估和建模，但图 1-1 所示的内容可以描述该过程较高层次的抽象。

现在让我们详细讨论每一个步骤。

图 1-1

1.1.1 获取

机器学习应用中的数据，可以来自不同的数据源，它可能是通过电子邮件发送的 CSV 文件，也可能是从服务器中拉取出来的日志，或者它可能需要构建自己的 Web 爬虫。数据也可能存在不同的格式。在大多数情况下，它是基于文本的数据，但稍后将看到，构建处理图像甚至视频文件的机器学习应用，也是很容易的。不管是什么格式，一旦锁定了某种数据，那么了解该数据中有什么以及没有什么，就变得非常重要了。

1.1.2 检查和探索

一旦获得了数据，下一步就是检查和探索它们。在这个阶段中，主要的目标是合理地检查数据，而实现这一点的最好办法是发现不可能或几乎不可能的事情。举个例子，如果数据具有唯一的标识符，检查是否真的只有一个；如果数据是基于价格的，检查是否总为正数；无论数据是何种类型，检查最极端的情况。它们是否有意义？一个良好的实践是在数据上运行一些简单的统计测试，并将数据可视化。此外，可能还有一些数据是缺失的或不完整的。在本阶段注意到这些是很关键的，因为需要在稍后的清洗和准备阶段中处理它。只有进入模型的数据质量好了，模型的质量才能有保障，所以将这一步做对是非常关键的。

1.1.3　清理和准备

当所有的数据准备就绪，下一步是将它转化为适合于模型使用的格式。这个阶段包括若干过程，例如过滤、聚集、输入和转化。所需的操作类型将很大程度上取决于数据的类型，以及所使用的库和算法的类型。例如，对于基于自然语言的文本，其所需的转换和时间序列数据所需的转换是非常不同的。全书中，我们将会看到一些转换的的例子。

1.1.4　建模

一旦数据的准备完成后，下一阶段就是建模了。在这个阶段中，我们将选择适当的算法，并在数据上训练出一个模型。在这个阶段，有许多最佳实践可以遵循，我们将详细讨论它们，但是基本的步骤包括将数据分割为训练、测试和验证的集合。这种数据的分割可能看上去不合逻辑——尤其是在更多的数据通常会产生更好的模型这种情况下——但正如我们将看到的，这样做可以让我们获得更好的反馈，理解该模型在现实世界中会表现得如何，并避免建模的大忌：过拟合。

1.1.5　评估

一旦模型构建完成并开始进行预测，下一步是了解模型做得有多好。这是评估阶段试图回答的问题。有很多的方式来衡量模型的表现，同样，这在很大程度上依赖于所用数据和模型的类型，不过就整体而言，我们试图回答这样的问题：模型的预测和实际值到底有多接近。有一堆听上去令人混淆的名词，例如根均方误差、欧几里德距离，以及 F1 得分，但最终，它们还是实际值与预估值之间的距离量度。

1.1.6　部署

一旦模型的表现令人满意，那么下一个步骤就是部署了。根据具体的使用情况，这个阶段可能有不同的形式，但常见的场景包括将其作为另一个大型应用程序中的某个功能特性，一个定制的 Web 应用程序，甚至只是一个简单的 cron 作业。

1.2　Python 库和功能

现在，我们已经对数据科学工作流的每一步有了初步的理解，下面来看看在每一步中，存在哪些有用的 Python 库和功能可供选择。

1.2.1　获取

访问数据常见的方式之一是通过 REST 风格的 API 接口，需要知道的库是 Python Request 库（http://www.python-requests.org/en/latest/）。它被称为给人类使用的 HTTP，为 API 的交互提供了一个整洁和简单的方式。

让我们来看一个使用 Requests 进行交互的例子，它从 GitHub 的 API 中拉取数据。在这里，我们将对该 API 进行调用，并请求某个用户的 starred 库列表。

```
import requests
r = requests.get(r"https://api.github.com/users/acombs/starred")
r.json()
```

这个请求将以 JSON 文档的形式，返回用户已经标记为 starred 的所有存储库以及它们的属性。图 1-2 是上述调用后输出结果的一个片段。

```
[{'archive_url': 'https://api.github.com/repos/matryer/bitbar/{archive_format}{/ref}',
  'assignees_url': 'https://api.github.com/repos/matryer/bitbar/assignees{/user}',
  'blobs_url': 'https://api.github.com/repos/matryer/bitbar/git/blobs{/sha}',
  'branches_url': 'https://api.github.com/repos/matryer/bitbar/branches{/branch}',
  'clone_url': 'https://github.com/matryer/bitbar.git',
  'collaborators_url': 'https://api.github.com/repos/matryer/bitbar/collaborators{/collaborator}',
  'comments_url': 'https://api.github.com/repos/matryer/bitbar/comments{/number}',
  'commits_url': 'https://api.github.com/repos/matryer/bitbar/commits{/sha}',
  'compare_url': 'https://api.github.com/repos/matryer/bitbar/compare/{base}...{head}',
  'contents_url': 'https://api.github.com/repos/matryer/bitbar/contents/{+path}',
  'contributors_url': 'https://api.github.com/repos/matryer/bitbar/contributors',
  'created_at': '2013-11-13T21:00:12Z',
  'default_branch': 'master',
  'deployments_url': 'https://api.github.com/repos/matryer/bitbar/deployments',
  'description': 'Put the output from any script or program in your Mac OS X Menu Bar',
  'downloads_url': 'https://api.github.com/repos/matryer/bitbar/downloads',
  'events_url': 'https://api.github.com/repos/matryer/bitbar/events',
  'fork': False,
  'forks': 174,
  'forks_count': 174,
```

图 1-2

Requests 库有数量惊人的特性——这里无法全部涵盖，我建议你看看上面提供的链接所指向的文档。

1.2.2　检查

由于数据检查是机器学习应用开发中关键的一步，我们现在来深入了解几个库，它们将在此项任务中很好地为我们服务。

1. Jupyter 记事本

许多库有助于减轻数据检查过程的工作负荷。首先是带有 IPython（http://ipython.

org/）的 Jupyter 记事本。这是一个全面的、交互式的计算环境，对于数据探索是非常理想的选择。和大多数开发环境不同，Jupyter 记事本是一个基于 Web 的前端（相对于 IPython 的内核而言），被分成单个的代码块或单元。根据需要，单元可以单独运行，也可以一次全部运行。这使得开发人员能够运行某个场景，看到输出结果，然后回到代码，做出调整，再看看所产生的变化——所有这些都无需离开记事本。图 1-3 是在 Jupyter 记事本中进行交互的样例。

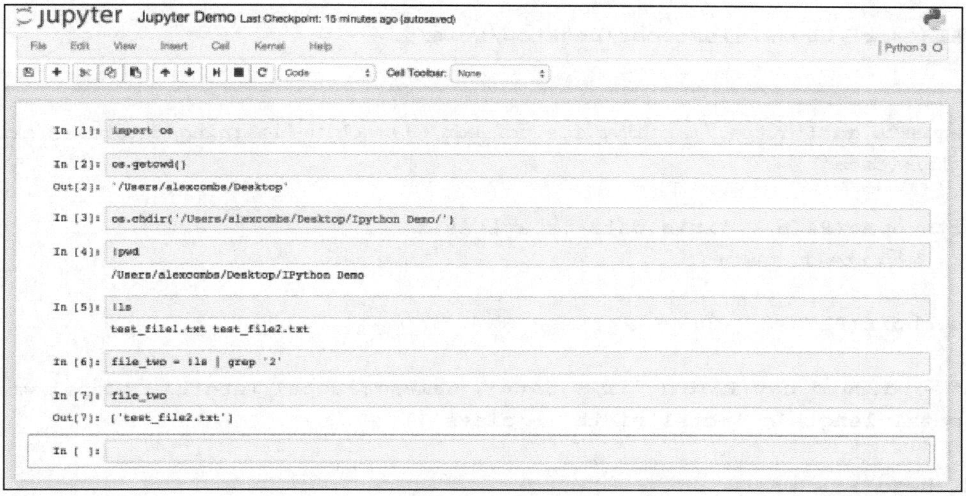

图 1-3

　　请注意，我们在这里做了一系列的事情，并不仅仅是和 IPython 的后端进行交互，而且也和终端 shell 进行了交互。这个特定的实例运行了 Python 3.5 的内核，但如果你愿意，也可以很容易地运行 Python 2.X 的内核。在这里，我们已经引入了 Python os 库，并进行了一次调用，找到当前的工作目录（单元#2），你可以看到输入代码单元格下方的输出。然后，我们在单元#3 中使用 os 库改变了这个目录，但是在单元#4 中停止使用 os 库，而是开始使用基于 Linux 的命令。这是通过在单元前添加！符号来完成的。在单元#6 中可以看到，我们甚至能够将 shell 的输出保存到一个 Python 变量（file_two）。这是一个很棒的功能，使文件操作变成了一项简单的任务。

　　现在，让我们来看看使用该记事本所进行的一些简单的数据操作。这也是我们首次介绍另一个不可或缺的库：pandas。

2. Pandas

Pandas 是一个卓越的数据分析工具。根据 Pandas 的文档（http://pandas.pydata.

org/pandas-docs/version/0.17.1/):

它有一个更广泛的目标，就是成为任何语言中，最强大和灵活的开源数据分析/操作工具。

即使它还没有达到这个目标，也不会差得太远。现在让我们来看看。

```
import os
import pandas as pd
import requests

PATH = r'/Users/alexcombs/Desktop/iris/'

r=
requests.get('https://archive.ics.uci.edu/ml/machine-learning-databases/iris/iris.data')

with open(PATH + 'iris.data', 'w') as f:
    f.write(r.text)

os.chdir(PATH)

df = pd.read_csv(PATH + 'iris.data', names=['sepal length', 'sepal width',
'petal length', 'petal width', 'class'])

df.head()
```

前面的代码和屏幕截图如图 1-4 所示，我们已经从 https://archive.ics.uci.edu/ml/datasets/Iris 下载了一个经典的机器学习数据集：iris.data，并将其写入 iris 目录。这实际上是一个 CSV 文件，通过 Pandas，我们进行了一个调用并读取了该文件。我们还增加了列名，因为这个特定的文件缺一个标题行。如果该文件已经包含了一个标题行，Pandas 会自动解析并反映这一点。和其他 CSV 库相比，Pandas 将其变为一个简单的操作。

	花萼长度	花萼宽度	花瓣长度	花瓣宽度	类别
0	5.1	3.5	1.4	0.2	Iris-setosa
1	4.9	3.0	1.4	0.2	Iris-setosa
2	4.7	3.2	1.3	0.2	Iris-setosa
3	4.6	3.1	1.5	0.2	Iris-setosa
4	5.0	3.6	1.4	0.2	Iris-setosa

图 1-4

解析文件只是该库的一个小功能。对适合于单台机器的数据集而言，Pandas 是个终极的工具，这有点像 Excel。就像流行的电子表格程序，操作的基本单位是表格形式的数据列和行。在 Pandas 的术语中，数据列称为系列（Series），而表格称为数据框（DateFrame）。

使用之前截屏中同样的 `iris` 数据框，让我们来看看几个常见的操作。

df['sepal length']

前面的代码生成图 1-5 的输出。

第一个操作是通过列名，从数据框中选择某一列。执行数据切片的另一种方式是使用 .ix[row,column] 标注。让我们使用下面这个标注，来选择前两列和前四行。

df.ix[:3, :2]

前面的代码生成图 1-6 的输出。

0	5.1
1	4.9
2	4.7
3	4.6
4	5.0
5	5.4
6	4.6
7	5.0
8	4.4
9	4.9
10	5.4
11	4.8
12	4.8

图 1-5

使用 .ix 标注和 Python 列表切片的语法，我们能够选择该数据框中的一小片。现在，让我们更进一步，使用列表迭代器并只选择描述 width 的列。

df.ix[:3, [x for x in df.columns if 'width' in x]]

前面的代码生成图 1-7 所示的输出。

	花萼长度	花萼宽度
0	5.1	3.5
1	4.9	3.0
2	4.7	3.2
3	4.6	3.1

图 1-6

	花萼宽度	花瓣宽度
0	3.5	0.2
1	3.0	0.2
2	3.2	0.2
3	3.1	0.2

图 1-7

我们在这里所做的是创建一个列表，该列表是所有列的一个子集。前面的 `df.columns` 返回所有列的列表，而我们的迭代使用了一个条件查询，只选择标题中含有 width 字样的列。显然，在这种情况下，我们可以很容易地拼写出希望在列表中出现的列，但是这里展示了处理大规模数据集时该库所具有的能力。

我们已经看到了，如何基于其在数据框中的位置，来选择数据的分片，现在来看看另一种选择数据的方法。这次，我们将根据某些特定的条件，来选择数据的一个子集。我们首先列出所有可用的唯一类，然后选择其中之一。

df['class'].unique()

前面的代码生成图 1-8 的输出。

```
array(['Iris-setosa', 'Iris-versicolor', 'Iris-virginica'], dtype=object)
```

图 1-8

```
df[df['class']=='Iris-virginica']
```

在图 1-9 所示最右侧的一列中，我们可以看到数据框只包含 Iris-virginica 类的数据。事实上，选择之后图 1-11 中数据框的大小是 50 行，比图 1-10 中原来的 150 行要小一些。

```
df.count()
```

```
df[df['class']=='Iris-virginica'].count()
```

	花萼长度	花萼宽度	花瓣长度	花瓣宽度	类别
100	6.3	3.3	6.0	2.5	Iris-virginica
101	5.8	2.7	5.1	1.9	Iris-virginica
102	7.1	3.0	5.9	2.1	Iris-virginica
103	6.3	2.9	5.6	1.8	Iris-virginica
104	6.5	3.0	5.8	2.2	Iris-virginica
105	7.6	3.0	6.6	2.1	Iris-virginica
106	4.9	2.5	4.5	1.7	Iris-virginica
107	7.3	2.9	6.3	1.8	Iris-virginica
108	6.7	2.5	5.8	1.8	Iris-virginica
109	7.2	3.6	6.1	2.5	Iris-virginica
110	6.5	3.2	5.1	2.0	Iris-virginica

图 1-9

```
花萼长度            150
花萼宽度            150
花瓣长度            150
花瓣宽度            150
类别               150
数据类型: int64
```

图 1-10

```
花萼长度             50
花萼宽度             50
花瓣长度             50
花瓣宽度             50
类别                50
数据类型: int64
```

图 1-11

我们还可以看到，在左侧的索引保留了原始行号。现在，可以将这些数据保存为一个新的数据框并重置索引，如下面的代码和截图 1-12 所示。

```
virginica = df[df['class']=='Iris-virginica'].reset_index(drop=True)
virginica
```

	花萼长度	花萼宽度	花瓣长度	花瓣宽度	类别
0	6.3	3.3	6.0	2.5	Iris-virginica
1	5.8	2.7	5.1	1.9	Iris-virginica
2	7.1	3.0	5.9	2.1	Iris-virginica
3	6.3	2.9	5.6	1.8	Iris-virginica
4	6.5	3.0	5.8	2.2	Iris-virginica
5	7.6	3.0	6.6	2.1	Iris-virginica
6	4.9	2.5	4.5	1.7	Iris-virginica
7	7.3	2.9	6.3	1.8	Iris-virginica
8	6.7	2.5	5.8	1.8	Iris-virginica
9	7.2	3.6	6.1	2.5	Iris-virginica
10	6.5	3.2	5.1	2.0	Iris-virginica

图 1-12

我们通过在某个列上放置条件来选择数据，现在来添加更多的条件。我们将回到初始的数据框，并使用两个条件选择数据。

```
df[(df['class']=='Iris-virginica')&(df['petal width']>2.2)]
```

上述代码生成图 1-13 的输出。

	花萼长度	花萼宽度	花瓣长度	花瓣宽度	类别
100	6.3	3.3	6.0	2.5	Iris-virginica
109	7.2	3.6	6.1	2.5	Iris-virginica
114	5.8	2.8	5.1	2.4	Iris-virginica
115	6.4	3.2	5.3	2.3	Iris-virginica
118	7.7	2.6	6.9	2.3	Iris-virginica
120	6.9	3.2	5.7	2.3	Iris-virginica
135	7.7	3.0	6.1	2.3	Iris-virginica
136	6.3	3.4	5.6	2.4	Iris-virginica
140	6.7	3.1	5.6	2.4	Iris-virginica
141	6.9	3.1	5.1	2.3	Iris-virginica
143	6.8	3.2	5.9	2.3	Iris-virginica
144	6.7	3.3	5.7	2.5	Iris-virginica
145	6.7	3.0	5.2	2.3	Iris-virginica
148	6.2	3.4	5.4	2.3	Iris-virginica

图 1-13

数据框现在只包含来自 Iris-virginica 类、而且花瓣宽度大于 2.2 的数据。

现在，让我们使用 Pandas，从虹膜数据集中获取一些快速的描述性统计数据。

```
df.describe()
```

上述代码生成图 1-14 的输出。

	花萼长度	花萼宽度	花瓣长度	花瓣宽度
数量	150.000000	150.000000	150.000000	150.000000
平均值	5.843333	3.054000	3.758667	1.198667
标准差	0.828066	0.433594	1.764420	0.763161
最小值	4.300000	2.000000	1.000000	0.100000
25%	5.100000	2.800000	1.600000	0.300000
50%	5.800000	3.000000	4.350000	1.300000
75%	6.400000	3.300000	5.100000	1.800000
最大值	7.900000	4.400000	6.900000	2.500000

图 1-14

随着数据框的 .describe() 方法被调用，我们收到了各相关列的描述性统计信息（请注意，类别信息被自动删除了，因为它在这里是不相关的）。如果想要更为详细的信息，还可以传入自定义的百分比。

```
df.describe(percentiles=[.20,.40,.80,.90,.95])
```

上述代码生成图 1-15 的输出。

	花萼长度	花萼宽度	花瓣长度	花瓣宽度
数量	150.000000	150.000000	150.000000	150.000000
平均值	5.843333	3.054000	3.758667	1.198667
标准差	0.828066	0.433594	1.764420	0.763161
最小值	4.300000	2.000000	1.000000	0.100000
20%	5.000000	2.700000	1.500000	0.200000
40%	5.600000	3.000000	3.900000	1.160000
50%	5.800000	3.000000	4.350000	1.300000
80%	6.520000	3.400000	5.320000	1.900000
90%	6.900000	3.610000	5.800000	2.200000
95%	7.255000	3.800000	6.100000	2.300000
最大值	7.900000	4.400000	6.900000	2.500000

图 1-15

接下来，让我们检查这些特征之间是否有任何相关性。这可以通过在数据框上调用 .corr() 来完成。

```
df.corr()
```

上述代码生成图 1-16 的输出。

	花萼长度	花萼宽度	花瓣长度	花瓣宽度
花萼长度	1.000000	-0.109369	0.871754	0.817954
花萼宽度	-0.109369	1.000000	-0.420516	-0.356544
花瓣长度	0.871754	-0.420516	1.000000	0.962757
花瓣宽度	0.817954	-0.356544	0.962757	1.000000

图 1-16

默认地，系统返回每个行-列对中的 Pearson 相关系数。通过传递方法的参数，还可以切换到 Kendall's tau 或 Spearman's 秩相关系数（例如，`.corr(method="spearman")` 或 `.corr(method="kendall")`）。

3．可视化

目前为止，我们已经看到如何选择数据框的某一部分，并从数据中获取汇总的统计信息，现在让我们学习如何通过可视化的方式来观测数据。不过首先要回答的问题是，为什么要花费心思进行可视化的视察呢？来看一个例子就能明白这是为什么了。

表 1-1 展示了四组不同序列的 x 值和 y 值的汇总统计。

表 1-1

序列的 x 和 y	取值
x 的平均值	9
y 的平均值	7.5
序列的 x 样本方差	11
序列的 y 样本方差	4.1
x 和 y 之间的相关性	0.816
回归线	y=3.00+0.500x

基于四组序列拥有相同的汇总统计，我们可能会认为这些系列的可视化看上去也是相似。我们当然是错误的，非常错误。这四个序列是安斯库姆四重奏的一部分，他们被刻意制造出来用于说明可视化数据检查的重要性。每个序列绘制在图 1-17 中。

安斯库姆四重奏的网址：`https://en.wikipedia.org/wiki/Anscombe%27 s_quartet`。

显然，经过可视化的观察之后，我们不再会认为这些数据集是相同的。所以，现在我们能理解可视化的重要性了，下面来看看一对用于可视化的、很有价值的 Python 库。

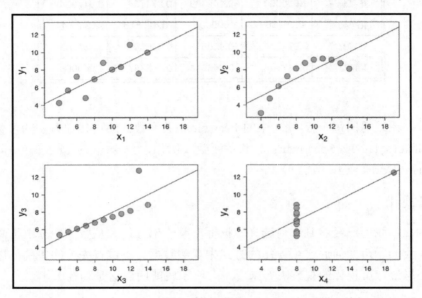

图 1-17

Matplotlib 库

我们将要看到的第一个库是 `matplotlib`。这是 Python 绘图库的鼻祖了。最初人们创建它是为了仿效 MATLAB 的绘图功能，现在它自己已经发展成为特性完善的库了，并拥有超多的功能。对于那些没有 MATLAB 背景的使用者，可能很难理解所有这些部件是如何共同协作来创造图表的。

我们将所有的部件拆分为多个逻辑模块，便于大家理解都发生了些什么。在深入理解 `matplotlib` 之前，让我们先设置 Jupyter 记事本，以便看清每个图像。要做到这一点，需要将以下几行添加到 `import` 声明中。

```
import matplotlib.pyplot as plt
plt.style.use('ggplot')
%matplotlib inline
import numpy as np
```

第一行引入了 `matplotlib`，第二行将风格设置为近似 R 中的 `ggplot` 库（这需要

matplotlib 1.41），第三行设置插图，让它们在记事本中可见，而最后一行引入了 numpy。本章稍后，我们将在一些操作中使用 numpy。

现在，让我们使用下面的代码，在鸢尾花 Iris 数据集上生成第一个图：

```
fig, ax = plt.subplots(figsize=(6,4))
ax.hist(df['petal width'], color='black');
ax.set_ylabel('Count', fontsize=12)
ax.set_xlabel('Width', fontsize=12)
plt.title('Iris Petal Width', fontsize=14, y=1.01)
```

前面的代码生成图 1-18 中的输出。

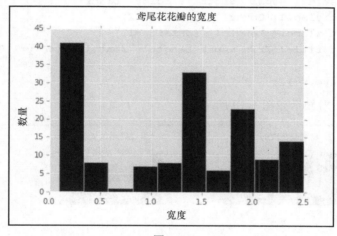

图 1-18

即使是在这个简单的例子中，也发生了很多事情，让我们来逐行分析。第一行创建了宽度为 6 英寸和高度为 4 英寸的一个插图。然后，我们通过调用 .hist() 并传入数据，依照 iris 数据框绘制了花瓣宽度的直方图。这里还将直方图中柱子的颜色设置为 black（黑色）。接下来的两行分别在 y 轴和 x 轴上放置标签，最后一行为全图设置了标题。其中使用 y 轴的参数调整了标题在 y 轴方向相对于图片顶部的位置，并微微增加了默认字体的大小。这使得我们从花瓣宽度的数据得到了一个很漂亮的直方图。现在，让我们进一步扩展，为 iris 数据集的每一列生成直方图。

```
fig, ax = plt.subplots(2,2, figsize=(6,4))

ax[0][0].hist(df['petal width'], color='black');
ax[0][0].set_ylabel('Count', fontsize=12)
ax[0][0].set_xlabel('Width', fontsize=12)
ax[0][0].set_title('Iris Petal Width', fontsize=14, y=1.01)
```

```
ax[0][1].hist(df['petal length'], color='black');
ax[0][1].set_ylabel('Count', fontsize=12)
ax[0][1].set_xlabel('Lenth', fontsize=12)
ax[0][1].set_title('Iris Petal Lenth', fontsize=14, y=1.01)

ax[1][0].hist(df['sepal width'], color='black');
ax[1][0].set_ylabel('Count', fontsize=12)
ax[1][0].set_xlabel('Width', fontsize=12)
ax[1][0].set_title('Iris Sepal Width', fontsize=14, y=1.01)

ax[1][1].hist(df['sepal length'], color='black');
ax[1][1].set_ylabel('Count', fontsize=12)
ax[1][1].set_xlabel('Length', fontsize=12)
ax[1][1].set_title('Iris Sepal Length', fontsize=14, y=1.01)
```

```
plt.tight_layout()
```

上述代码的输出显示如图 1-19 所示。

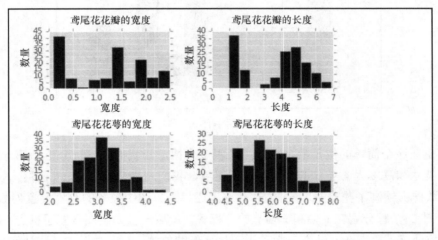

图 1-19

显然，这不是最有效的编码方法，但是对于展示 matplotlib 是如何工作的很有用处。请注意，我们现在是通过 ax 数组来绘制四个子插图，而不是之前例子中的单一子插图对象 ax。新增加的代码是调用 plt.tight_layout()，该方法将很好地自动调整子插图，以避免排版上显得过于拥挤。

现在来看看 matplotlib 所提供的一些其他类型的画图模式。一个有用的类型是散点图。这里，我们将在 x 轴和 y 轴分布绘画花瓣宽度和花瓣长度。

```
fig, ax = plt.subplots(figsize=(6,6))
ax.scatter(df['petal width'],df['petal length'], color='green')
ax.set_xlabel('Petal Width')
ax.set_ylabel('Petal Length')
ax.set_title('Petal Scatterplot')
```

上述的代码生成了图 1-20 所示的输出。

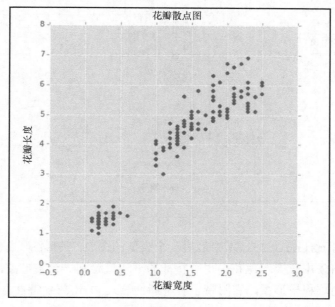

图 1-20

如前所述，我们可以添加多个子插图，来检视每个方面。

我们可以考察的另一种类型是简单的线图。这里来看看花瓣长度的插图。

```
fig, ax = plt.subplots(figsize=(6,6))
ax.plot(df['petal length'], color='blue')
ax.set_xlabel('Specimen Number')
ax.set_ylabel('Petal Length')
ax.set_title('Petal Length Plot')
```

上述的代码生成了图 1-21 所示的输出。

基于这个简单的线图，我们已经可以看到对于每个类别存在鲜明的长度差别——请记住样本数据集在每个类别拥有 50 个排序的样例。这就告诉我们，花瓣长度很可能是用于区分类别的一个有用特征。

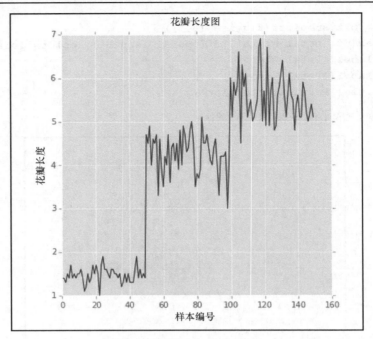

图 1-21

让我们来看看 matplotlib 库中最后一个类型的图表：条形图。这也许是最为常见的图表之一。这里将使用三类鸢尾花中每个特征的平均值绘制一个条形图，而且为了让其更有趣，我们将使用堆积条形图，它附带了若干新的 matplotlib 特性。

```
fig, ax = plt.subplots(figsize=(6,6))
bar_width = .8
labels = [x for x in df.columns if 'length' in x or 'width' in x]
ver_y = [df[df['class']=='Iris-versicolor'][x].mean() for x in labels]
vir_y = [df[df['class']=='Iris-virginica'][x].mean() for x in labels]
set_y = [df[df['class']=='Iris-setosa'][x].mean() for x in labels]
x = np.arange(len(labels))
ax.bar(x, vir_y, bar_width, bottom=set_y, color='darkgrey')
ax.bar(x, set_y, bar_width, bottom=ver_y, color='white')
ax.bar(x, ver_y, bar_width, color='black')
ax.set_xticks(x + (bar_width/2))
ax.set_xticklabels(labels, rotation=-70, fontsize=12);
ax.set_title('Mean Feature Measurement By Class', y=1.01)
ax.legend(['Virginica','Setosa','Versicolor'])
```

上述的代码生成图 1-22 所示的输出。

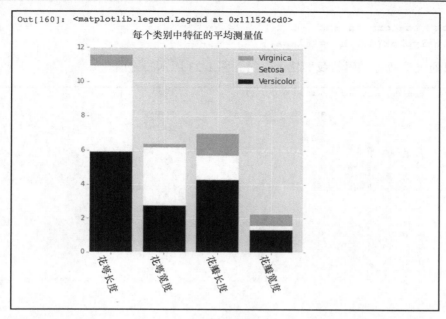

图 1-22

为了生成条形图，我们需要将 x 和 y 的值传递给 .bar() 方法。在这种情况下，x 值将只是我们感兴趣的特征的长度的数组，在这个例子中是 4，或者是数据框中列的数量。函数 np.arange() 是产生这个数值的简单方法，但也可以轻松地手动输入这个数组。由于我们不想在 x 轴显示 1 到 4，因此调用了 .set_xticklabels() 方法并传入想要显示的列名。为了让 x 轴的标签对齐，我们还需要调整标签之间的间隔。这就是为什么将 xticks 设置为 x 加上 bar_width 值的一半，而我们先前已经将 bar_width 设置为 0.8。这里 y 值来自每个类别中特征的平均值。然后，通过调用 .bar() 绘制每个插图。需要注意的是，我们为每个序列传入一个 bottom 参数，这个参数将该序列的 y 点最小值设置为其下面那个序列的 y 点最大值。这就能创建堆积条形图。最后，添加了一个图例来描述每个序列。按照从顶部到底部条形放置的顺序，我们依次在图例中插入了相应的名称。

Seaborn 库

我们接下来将看到的可视化库被称为 seaborn（http://stanford.edu/~mwaskom/software/seaborn/index.html）。它是专门为统计可视化而创建的库。事实上，seaborn 可以和 pandas 数据框完美地协作，框中的列是特征而行是观测的样例。这种数据框的风格被称为**整洁**的数据，而且它是机器学习应用中最常见的形式。

现在让我们来看看 seaborn 的能力。

```
import seaborn as sns
sns.pairplot(df, hue="class")
```

仅仅通过这两行代码，我们就可以得到图 1-23 所示的输出。

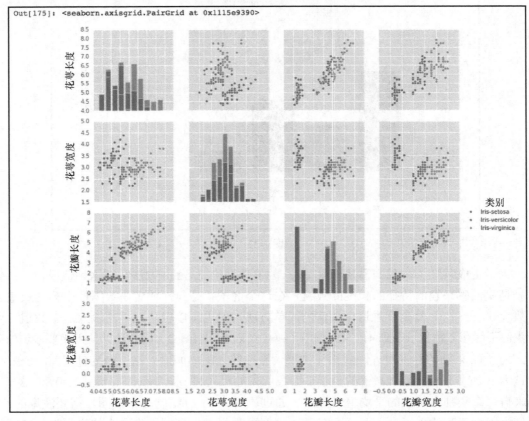

图 1-23

就在刚刚我们详细地讨论了 matplotlib 错综复杂的细微之处，而生成这张图的简单性却显而易见。仅仅使用了两行代码，所有的特征都已经被绘画出来，彼此对照并标上了正确的标签。那么，当 seaborn 使得这种可视化变得如此简单的时候，学习 matplotlib 是在浪费时间吗？幸运的是，情况并非如此，seaborn 是建立在 matplotlib 之上的。事实上，我们可以使用所学的 matplotlib 知识来修改并使用 seaborn。让我们来看看另一个可视化的例子。

```
fig, ax = plt.subplots(2, 2, figsize=(7, 7))
sns.set(style='white', palette='muted')
sns.violinplot(x=df['class'], y=df['sepal length'], ax=ax[0,0])
```

```
sns.violinplot(x=df['class'], y=df['sepal width'], ax=ax[0,1])
sns.violinplot(x=df['class'], y=df['petal length'], ax=ax[1,0])
sns.violinplot(x=df['class'], y=df['petal width'], ax=ax[1,1])
fig.suptitle('Violin Plots', fontsize=16, y=1.03)
for i in ax.flat:
    plt.setp(i.get_xticklabels(), rotation=-90)
fig.tight_layout()
```

以上代码行生成图 1-24 所示的输出。

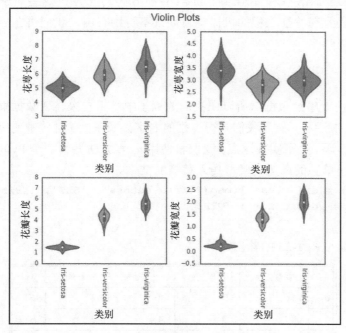

图 1-24

这里，我们为 4 个特征分别生成了小提琴图。小提琴图显示了特征的分布情况。例如，我们可以很容易地看到类别 irissetosa 的花瓣长度高度聚集在 1～2 厘米之间，而类别 iris-virginica 分散在 4～7 厘米之间。我们还可以看到，之前在构建 matplotlib 图形时使用了许多相同的代码。这里主要的区别在于加入了 sns.plot() 调用来取代之前的 ax.plot() 调用 。我们还使用了 fig.suptitle() 方法，在所有的子图上添加了一个总标题，而不是在每个单独的子图上各自添加标题。另一个明显的添加部分，是每个子图的遍历取代了之前 xticklabels 的轮换。我们调用 ax.flat()，遍历每个子图的轴，并使用.setp()设置特定的属性。这可以让我们不再需要像之前 matplotlib 子图代码那样，单独地敲打 ax[0][0]...ax[1][1]，并设置属性。

我们在这里使用的图是一个很好的开始，但是你可以使用 matplotlib 和 seaborn 创建上百种不同风格的图形。我强烈建议深入研究这两个库的文档，这将是非常值得的。

1.2.3　准备

我们已经学到了很多有关检查数据的内容，现在让我们开始学习如何处理和操作数据。这里你将了解 pandas 的 Series.map()、Series.apply()、DataFrame.apply()、DataFrame.applymap()和 DataFrame.groupby()方法。这些对于处理数据而言是非常有价值的，而且在特征工程的机器学习场景下特别有用，我们将在后面的章节详细地讨论这个概念。

1．Map

Map 方法适用于序列数据，所以在我们的例子中将用它来转变数据框的某个列，它就是一个 pandas 的序列 。假设我们觉得类别的名字太长了，并且希望使用特殊的 3 字母代码系统对其进行编码。为了实现这点，我们将使用 map 方法并将一个 Python 字典作为其参数。这里将为每个单独的鸢尾花类型传入替换的文本。

```
df['class'] = df['class'].map({'Iris-setosa': 'SET', 'Iris-virginica':
'VIR', 'Iris-versicolor': 'VER'})
df
```

前面的代码生成图 1-25 的输出。

	花萼长度	花萼宽度	花瓣长度	花瓣宽度	类别
0	5.1	3.5	1.4	0.2	SET
1	4.9	3.0	1.4	0.2	SET
2	4.7	3.2	1.3	0.2	SET
3	4.6	3.1	1.5	0.2	SET
4	5.0	3.6	1.4	0.2	SET
5	5.4	3.9	1.7	0.4	SET
6	4.6	3.4	1.4	0.3	SET
7	5.0	3.4	1.5	0.2	SET
8	4.4	2.9	1.4	0.2	SET
9	4.9	3.1	1.5	0.1	SET

图 1-25

下面来看看这里做了些什么。我们在现有 class 列的每个值上运行了 map 的方法。

由于每个值都能在 Python 字典中找到，所以它会被添加到被返回的序列。我们为返回序列赋予了相同的 class 名，所以它替换了原有的 class 列。如果我们选择了一个不同的名字，例如 short class，那么这一列会被追加到数据框，然后我们将有初始的 class 列外加新的 short class 列。

我们还可以向 map 方法传入另一个序列或函数，来执行对某个列的转变，但这个功能在 apply 方法也是可用的，下面这节会讨论该方法。字典的功能是 map 方法所独有的，这也是选择 map 而不是 apply 进行单列转变的最常见原因。现在让我们来看看 apply 方法。

2．Apply

Apply 的方法让我们既可以在数据框上工作，也可以在序列上工作。我们将从一个也能使用 map 的例子开始，然后再讨论只能使用 apply 的示例。

继续使用 iris 数据框，让我们根据花瓣的宽度来创建新的列。之前我们看到花瓣宽度的平均值为 1.3。现在，在数据框中创建一个新的列——宽花瓣，它包含一个基于 petal width 列的二进制值。如果花瓣宽度等于或宽于中值，那么我们将其编码为 1，而如果它小于中值，我们将其编码为 0。为了实现这点，这里将在 petal width 这列使用 apply 方法。

```
df['wide petal'] = df['petal width'].apply(lambda v: 1 if v >= 1.3 else 0)
df
```

前面的代码生成图 1-26 所示的输出。

	花萼长度	花萼宽度	花瓣长度	花瓣宽度	类别	宽花瓣
0	5.1	3.5	1.4	0.2	Iris-setosa	0
1	4.9	3.0	1.4	0.2	Iris-setosa	0
2	4.7	3.2	1.3	0.2	Iris-setosa	0
3	4.6	3.1	1.5	0.2	Iris-setosa	0
4	5.0	3.6	1.4	0.2	Iris-setosa	0
5	5.4	3.9	1.7	0.4	Iris-setosa	0
6	4.6	3.4	1.4	0.3	Iris-setosa	0
7	5.0	3.4	1.5	0.2	Iris-setosa	0
8	4.4	2.9	1.4	0.2	Iris-setosa	0
9	4.9	3.1	1.5	0.1	Iris-setosa	0

图 1-26

这里发生了几件事情，让我们一步一步来看。首先，我们为所要创建的列名简单地使用了列选择的语法，向数据框追加一个新的列，在这个例子中是 wide petal。我们将这个新列设置为 apply 方法的输出。这里在 petal width 列上运行 apply，并返回了 wide petal 列的相应值。Apply 方法作用于 petal width 列的每个值。如果该值大于或等于 1.3，函数返回 1；否则，返回 0。这种类型的转换在机器学习领域是相当普遍的特征工程转变，所以最好熟悉如何执行它。

现在让我们来看看如何在数据框上使用 apply，而不是在一个单独的序列上。现在将基于 petal area 来创建一个新的特征。

```
df['petal area'] = df.apply(lambda r: r['petal length'] * r['petal width'],
axis=1)
df
```

前面的代码生成图 1-27 的输出。

	花萼长度	花萼宽度	花瓣长度	花瓣宽度	类别	宽花瓣	花瓣面积
0	5.1	3.5	1.4	0.2	Iris-setosa	0	0.28
1	4.9	3.0	1.4	0.2	Iris-setosa	0	0.28
2	4.7	3.2	1.3	0.2	Iris-setosa	0	0.26
3	4.6	3.1	1.5	0.2	Iris-setosa	0	0.30
4	5.0	3.6	1.4	0.2	Iris-setosa	0	0.28
5	5.4	3.9	1.7	0.4	Iris-setosa	0	0.68
6	4.6	3.4	1.4	0.3	Iris-setosa	0	0.42
7	5.0	3.4	1.5	0.2	Iris-setosa	0	0.30
8	4.4	2.9	1.4	0.2	Iris-setosa	0	0.28
9	4.9	3.1	1.5	0.1	Iris-setosa	0	0.15
10	5.4	3.7	1.5	0.2	Iris-setosa	0	0.30

图 1-27

请注意，这里不是在一个序列上调用 apply，而是在整个数据框上。此外正是由于在整个数据框上调用了 apply，我们传送了 axis=1 的参数来告诉 pandas，我们要对行运用函数。如果传入了 axis=0，那么该函数将对列进行操作。这里，每列都是被顺序地处理，我们选择将 petal length 的值和 petal width 的值相乘。得到的序列就将成为数据框中的 petal area 列。这种能力和灵活性使得 pandas 成为了数据操作不可或缺的工具。

3. Applymap

我们已经学习了列的操作，并解释了如何在行上运作，不过，假设你想对数据框里所有的数据单元执行一个函数，那又该怎么办呢？这时 applymap 就是合适的工具了。这里看一个例子。

```
df.applymap(lambda v: np.log(v) if isinstance(v, float) else v)
```

前面的代码生成图 1-28 的输出。

	花萼长度	花萼宽度	花瓣长度	花瓣宽度	类别	宽花瓣	花瓣面积
0	1.629241	1.252763	0.336472	-1.609438	Iris-setosa	0	-1.272966
1	1.589235	1.098612	0.336472	-1.609438	Iris-setosa	0	-1.272966
2	1.547563	1.163151	0.262364	-1.609438	Iris-setosa	0	-1.347074
3	1.526056	1.131402	0.405465	-1.609438	Iris-setosa	0	-1.203973
4	1.609438	1.280934	0.336472	-1.609438	Iris-setosa	0	-1.272966
5	1.686399	1.360977	0.530628	-0.916291	Iris-setosa	0	-0.385662
6	1.526056	1.223775	0.336472	-1.203973	Iris-setosa	0	-0.867501
7	1.609438	1.223775	0.405465	-1.609438	Iris-setosa	0	-1.203973
8	1.481605	1.064711	0.336472	-1.609438	Iris-setosa	0	-1.272966

图 1-28

在这里，我们在数据框上调用了 applymap，如果某个值是 float 类型的的实例，那么就会获得该值的对数（np.log() 利用 numpy 库返回该值）。这种类型的检查，可以防止系统返回一个错误信息，或者是为字符串型的 class 列或整数形的 wide petal 列返回浮动值。Applymap 的常见用法是根据一定的条件标准来转变或格式化每一个单元。

4. Groupby

现在，让我们来看一个非常有用，但对于新 pandas 用户往往难以理解的操作——数据框.groupby() 方法。我们将逐步分析若干例子，来展示这个最为重要的功能。

这个 groupby 操作就如其名——它基于某些你所选择的类别对数据进行分组。让我们使用 iris 数据集来看一个简单的例子。这里将回到之前的步骤，重新导入最初的 iris 数据集，并运行第一个 groupby 操作。

```
df.groupby('class').mean()
```

前面的代码生成图 1-29 所示的输出。

	花萼长度	花萼宽度	花瓣长度	花瓣宽度	宽花瓣	花瓣面积
类别						
Iris-setosa	5.006	3.418	1.464	0.244	0.0	0.3628
Iris-versicolor	5.936	2.770	4.260	1.326	0.7	5.7204
Iris-virginica	6.588	2.974	5.552	2.026	1.0	11.2962

图 1-29

系统按照类别对数据进行了划分,并且提供了每个特征的均值。让我们现在更进一步,得到每个类别完全的描述性统计信息。

```
df.groupby('class').describe()
```

前面的代码生成图 1-30 所示的输出。

类别		花瓣面积	花瓣长度	花瓣宽度	花萼长度	花萼宽度	宽花瓣
Iris-setosa	数量	50.000000	50.000000	50.000000	50.000000	50.000000	50.00000
	平均值	0.362800	1.464000	0.244000	5.006000	3.418000	0.00000
	标准差	0.183248	0.173511	0.107210	0.352490	0.381024	0.00000
	最小值	0.110000	1.000000	0.100000	4.300000	2.300000	0.00000
	25%	0.265000	1.400000	0.200000	4.800000	3.125000	0.00000
	50%	0.300000	1.500000	0.200000	5.000000	3.400000	0.00000
	75%	0.420000	1.575000	0.300000	5.200000	3.675000	0.00000
	最大值	0.960000	1.900000	0.600000	5.800000	4.400000	0.00000
Iris-versicolor	数量	50.000000	50.000000	50.000000	50.000000	50.000000	50.00000
	平均值	5.720400	4.260000	1.326000	5.936000	2.770000	0.70000
	标准差	1.368403	0.469911	0.197753	0.516171	0.313798	0.46291
	最小值	3.300000	3.000000	1.000000	4.900000	2.000000	0.00000
	25%	4.860000	4.000000	1.200000	5.600000	2.525000	0.00000
	50%	5.615000	4.350000	1.300000	5.900000	2.800000	1.00000
	75%	6.750000	4.600000	1.500000	6.300000	3.000000	1.00000
	最大值	8.640000	5.100000	1.800000	7.000000	3.400000	1.00000
Iris-virginica	数量	50.000000	50.000000	50.000000	50.000000	50.000000	50.00000
	平均值	11.296200	5.552000	2.026000	6.588000	2.974000	1.00000
	标准差	2.157412	0.551895	0.274650	0.635880	0.322497	0.00000
	最小值	7.500000	4.500000	1.400000	4.900000	2.200000	1.00000
	25%	9.717500	5.100000	1.800000	6.225000	2.800000	1.00000
	50%	11.445000	5.550000	2.000000	6.500000	3.000000	1.00000
	75%	12.790000	5.875000	2.300000	6.900000	3.175000	1.00000
	最大值	15.870000	6.900000	2.500000	7.900000	3.800000	1.00000

图 1-30

现在我们可以看到每个 class 完整的分解。再来看看其他一些可执行的 groupby 操作。之前,我们看出花瓣长度和宽度在不同类之间有一些比较明显的区别,这里让我们看看如何使用 groupby 来发现这一点。

```
df.groupby('petal width')['class'].unique().to_frame()
```

前面的代码生成图 1-31 所示的输出。

在这个例子中,我们通过和每个唯一类相关联的花瓣宽度,对类别进行分组。这里测量组的数量还是可管理的，但是如果这个数量将要增大很多，那么我们很可能需要将测量分割为不同的范围。正如之前看到的，这点可以使用 apply 方法来完成。

	类别
花瓣宽度	
0.1	[Iris-setosa]
0.2	[Iris-setosa]
0.3	[Iris-setosa]
0.4	[Iris-setosa]
0.5	[Iris-setosa]
0.6	[Iris-setosa]
1.0	[Iris-versicolor]
1.1	[Iris-versicolor]
1.2	[Iris-versicolor]
1.3	[Iris-versicolor]
1.4	[Iris-versicolor, Iris-virginica]
1.5	[Iris-versicolor, Iris-virginica]
1.6	[Iris-versicolor, Iris-virginica]
1.7	[Iris-versicolor, Iris-virginica]
1.8	[Iris-versicolor, Iris-virginica]
1.9	[Iris-virginica]
2.0	[Iris-virginica]
2.1	[Iris-virginica]
2.2	[Iris-virginica]
2.3	[Iris-virginica]
2.4	[Iris-virginica]
2.5	[Iris-virginica]

图 1-31

现在来看一个自定义的聚集函数。

```
df.groupby('class')['petal width']\
    .agg({'delta': lambda x: x.max() - x.min(),
'max': np.max, 'min': np.min})
```

前面的代码生成图 1-32 所示的输出。

	最小值	最大值	间距
类别			
Iris-setosa	0.1	0.6	0.5
Iris-versicolor	1.0	1.8	0.8
Iris-virginica	1.4	2.5	1.1

图 1-32

在这段代码中，我们根据类别来分组花瓣宽度的时候，使用 np.max 和 np.min 这两个函数（两个 np 函数来自 numpy 库），以及返回最大花瓣宽度减去最小花瓣宽

度的 `lambda` 函数。这些都以字典的形式，传递给 `.agg()` 方法，以此返回一个将字典键值作为列名的数据框。可以仅仅运行函数本身或者传递函数的列表，不过列的名称所含信息量就更少了[①]。

> 我们只是刚刚接触了 `groupby` 方法的一些功能，还有很多东西要学习，所以我建议你阅读这里的文档：`http://pandas.pydata.org/pandas-docs/stable/`。

对于准备阶段中如何操纵和准备数据，我们现在有了扎实的基本理解，而下一步就是建模。这里即将讨论 Python 机器学习生态系统中最为主要的一些库。

1.2.4　建模和评估

对于统计建模和机器学习，Python 有许多很优秀的、文档详实的库供选择。下面只谈及最流行的几个库。

1．Statsmodels

我们要介绍的第一个库是 statsmodels（`http://statsmodels.sourceforge.net/`）。

Statsmodels 是用于探索数据、估计模型，并运行统计检验的 Python 包。在这里，让我们使用它来构建一个简单的线性回归模型，为 setosa 类中花萼长度和花萼宽度之间的关系进行建模。

首先，通过散点图来目测这两者的关系。

```
fig, ax = plt.subplots(figsize=(7,7))
ax.scatter(df['sepal width'][:50], df['sepal length'][:50])
ax.set_ylabel('Sepal Length')
ax.set_xlabel('Sepal Width')
ax.set_title('Setosa Sepal Width vs. Sepal Length', fontsize=14,
y=1.02)
```

---

① 译者注：就是将函数以列表的形式，而不是字典的形式进行传送。这样就缺乏"delta"、"min"和"max"这样的键值作为列名，自动生成的列名就不会有太多的含义。

前面的代码生成图 1-33 所示的输出。

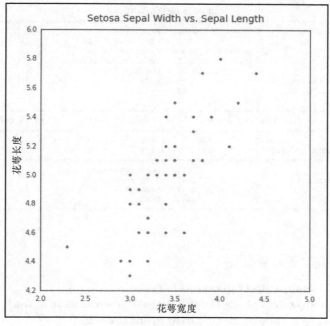

图 1-33

我们可以看到，似乎有一个正向的线性关系，也就是说，随着花萼宽度的增加，花萼长度也会增加。接下来我们使用 statsmodels，在这个数据集上运行一个线性回归模型，来预估这种关系的强度。

```
import statsmodels.api as sm

y = df['sepal length'][:50]
x = df['sepal width'][:50]
X = sm.add_constant(x)

results = sm.OLS(y, X).fit()
print(results.summary())
```

前面的代码生成图 1-34 所示的输出。

图 1-34 所示的屏幕截图显示了这个简单回归模型的结果。由于这是一个线性回归，该模型的格式为 $Y = B0 + B1X$，其中 B0 为截距而 B1 是回归系数。在这里，最终公式是 Sepal

Length = 2.6447 + 0.6909 × Sepal Width。我们也可以看到，该模型的 R2 值是一个可以接受的 0.558，而 p 值 （Prob）是非常显著的——至少对于这个类而言。

```
                            OLS Regression Results
==============================================================================
Dep. Variable:          sepal length   R-squared:                       0.558
Model:                            OLS   Adj. R-squared:                  0.548
Method:                 Least Squares   F-statistic:                     60.52
Date:                Sun, 11 Oct 2015   Prob (F-statistic):           4.75e-10
Time:                        18:14:39   Log-Likelihood:                 2.0879
No. Observations:                  50   AIC:                           -0.1759
Df Residuals:                      48   BIC:                             3.648
Df Model:                           1
==============================================================================
                 coef    std err          t      P>|t|      [95.0% Conf. Int.]
------------------------------------------------------------------------------
const          2.6447      0.305      8.660      0.000       2.031      3.259
sepal width    0.6909      0.089      7.779      0.000       0.512      0.869
==============================================================================
Omnibus:                        0.252   Durbin-Watson:                   2.517
Prob(Omnibus):                  0.882   Jarque-Bera (JB):                0.436
Skew:                          -0.110   Prob(JB):                        0.804
Kurtosis:                       2.599   Cond. No.                         34.0
==============================================================================
```

图 1-34

现在让我们使用结果对象来绘制回归线。

```
fig, ax = plt.subplots(figsize=(7,7))
ax.plot(x, results.fittedvalues, label='regression line')
ax.scatter(x, y, label='data point', color='r')
ax.set_ylabel('Sepal Length')
ax.set_xlabel('Sepal Width')
ax.set_title('Setosa Sepal Width vs. Sepal Length', fontsize=14,
y=1.02)
ax.legend(loc=2)
```

前面的代码生成图 1-35 所示的输出。

通过绘制 results.fittedvalues，我们可以获取从模型所得的回归线。

在 statsmodels 包中，还有一些其他的统计函数和测试模块，我希望你能去探索它们。对于 Python 中标准的统计建模而言，这是一个非常有用的包。接下来，让我们开始学习 Python 机器学习包中的王者：scikit-learn。

2．scikit-learn

scikit-learn 是一个令人惊喜的 Python 库，作者们为其设计了无与伦比的文档，为几十个算法提供了统一的 API 接口。它建立在 Python 科学栈的核心模块之上，也就是 NumPy、SciPy、pandas 和 matplotlib。scikit-learn 覆盖的一些领域包括：分类、回归、聚类、降维、模型选择和预处理。

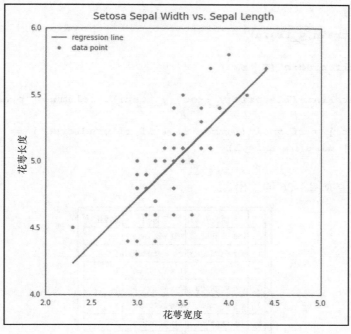

图 1-35

我们来看看几个例子。首先，使用 iris 数据建立一个分类器，然后学习如何利用 scikit-learn 的工具来评估得到的模型。

在 scikit-learn 中打造机器学习模型的第一步，是理解数据应该如何构建。独立变量应该是一个数字型的 n×m 维的矩阵 X、一个因变量 y 和 n×1 维的向量。该 y 向量可以是连续的数字，也可以是离散的数字，还可以是离散的字符串类型。然后将这些向量传递到指定分类器的 .fit() 方法。这是使用 scikit-learn 最大的好处，每个分类器都尽最大可能地使用同样的方法。如此一来，它们的交换使用易如反掌。

让我们来看看在第一个例子中，如何实现。

```python
from sklearn.ensemble import RandomForestClassifier
from sklearn.cross_validation import train_test_split

clf = RandomForestClassifier(max_depth=5, n_estimators=10)

X = df.ix[:,:4]
y = df.ix[:,4]
```

```
X_train, X_test, y_train, y_test = train_test_split(X, y,
test_size=.3)

clf.fit(X_train,y_train)

y_pred = clf.predict(X_test)

rf = pd.DataFrame(list(zip(y_pred, y_test)), columns=['predicted',
'actual'])
rf['correct'] = rf.apply(lambda r: 1 if r['predicted'] ==
r['actual'] else 0, axis=1)
rf
```

前面的代码生成图 1-36 的输出。

	预测值	实际值	是否正确
0	Iris-virginica	Iris-virginica	1
1	Iris-versicolor	Iris-versicolor	1
2	Iris-virginica	Iris-virginica	1
3	Iris-virginica	Iris-virginica	1
4	Iris-setosa	Iris-setosa	1
5	Iris-virginica	Iris-virginica	1
6	Iris-virginica	Iris-virginica	1
7	Iris-versicolor	Iris-versicolor	1
8	Iris-versicolor	Iris-versicolor	1
9	Iris-setosa	Iris-setosa	1
10	Iris-versicolor	Iris-versicolor	1
11	Iris-versicolor	Iris-versicolor	1
12	Iris-versicolor	Iris-virginica	0
13	Iris-versicolor	Iris-versicolor	1
14	Iris-setosa	Iris-setosa	1
15	Iris-setosa	Iris-setosa	1

图 1-36

现在，让我们来看看下面的代码。

```
rf['correct'].sum()/rf['correct'].count()
```

这会生成图 1-37 的输出。

```
0.955555555555556
```

图 1-37

在前面的几行代码中，我们建立、训练并测试了一个分类器，它在 Iris 数据集上具有 95% 的准确度。这里逐项分析每个步骤。在代码的前两行，我们做了几个导入，前两个是从 scikit-learn，值得庆幸的是在 import 语句中其名字缩短为 sklearn

了。第一个导入的是一个随机森林分类器，第二个导入的是一个将数据分成训练组和测试组的模块。出于某些原因，这种数据切分在机器学习应用的构建中是很关键的。我们将在以后的章节讨论这些，现在只需要知道这是必需的。模块 train_test_split 还会打乱数据的先后顺序，这也是非常重要的，因为原有的顺序可能包含误导实际预测的信息。

在这本书中，我们将使用最新的 Python 版本，撰写本书的时候是版本 3.5。如果你使用的 Python 是版本 2.x，你需要添加额外的 import 语句，让整数的除法和 Python 3.x 中的一样运作。没有这一行，你的准确度将被报告为 0，而不是 95%。该行是：

```
from __future__ import division
```

在 import 语句之后，第一行看上去很奇怪的代码实例化了我们的分类器，这个例子中是随机森林分类器。这里选择一个使用 10 个决策树的森林，而每棵树最多允许五层的判定深度。如此实施的原因是为了避免过拟合（overfitting），我们将在后面的章节中深入讨论这个话题。

接下来的两行创建了 X 矩阵和 y 向量。初始的 iris 数据框包含四个特征：花瓣的宽度和长度，以及花萼的宽度和长度。这些特征被选中并成为独立特征矩阵 X。最后一列，iris 类别的名称，就成为了因变的 y 向量。

然后这些被传递到 train_test_split 方法，该方法将数据打乱并划分为四个子集，X_train，X_test，y_train 和 y_test。参数 test_size 被设置为 0.3，这意味着数据集的 30% 将被分配给 X_test 和 y_test 部分，而其余的将被分配到训练的部分，X_train 和 y_train。

接下来，使用训练数据来拟合我们的模型。一旦模型训练完毕，再通过测试数据来调用分类器的预测方法。请记住，测试数据是分类器没有处理过的数据。预测的返回结果是预估标签的列表。然后，我们创建对应实际标签与预估标签的数据框。最终，我们加和正确的预测次数，并将其除以样例的总数，从而看出预测的准确率。现在让我们看看哪些特征提供了最佳的辨别力或者说预测能力。

```
f_importances = clf.feature_importances_
f_names = df.columns[:4]
f_std = np.std([tree.feature_importances_ for tree in
clf.estimators_], axis=0)

zz = zip(f_importances, f_names, f_std)
zzs = sorted(zz, key=lambda x: x[0], reverse=True)
```

```
imps = [x[0] for x in zzs]
labels = [x[1] for x in zzs]
errs = [x[2] for x in zzs]
plt.bar(range(len(f_importances)), imps, color="r", yerr=errs,
align="center")
plt.xticks(range(len(f_importances)), labels);
```

从图 1-38 可以看出，正如我们根据之前可视化分析所作出的预期，花瓣的长度和宽度对于区分 iris 的类别而言，具有更好的辨别力。不过，这些数字究竟来自哪里？随机森林有一个名为 .feature_importances_ 的方法，它返回特征在决策树中划分叶子节点的相对能力。如果一个特征能够将分组一致性地、干净拆分成不同的类别，那么它将具有很高的特征重要性。这个数字的总和将始终为 1。也许你注意到，在这里我们已经包括了标准差，它将有助于说明每个特征有多么的一致。这是如此生成的：对于每个特征，获取每 10 棵决策树的特征重要性，并计算标准差。

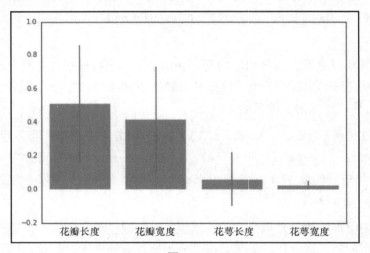

图 1-38

现在，让我们看看另一个使用 scikit-learn 的例子。现在，切换分类器并使用支持向量机（SVM）。

```
from sklearn.multiclass import OneVsRestClassifier
from sklearn.svm import SVC
from sklearn.cross_validation import train_test_split


clf = OneVsRestClassifier(SVC(kernel='linear'))

X = df.ix[:,:4]
```

```
y = np.array(df.ix[:,4]).astype(str)

X_train, X_test, y_train, y_test = train_test_split(X, y,
test_size=.3)
clf.fit(X_train,y_train)

y_pred = clf.predict(X_test)

rf = pd.DataFrame(list(zip(y_pred, y_test)), columns=['predicted',
'actual'])
rf['correct'] = rf.apply(lambda r: 1 if r['predicted'] ==
r['actual'] else 0, axis=1)
rf
```

前面的代码生成图 1-39 的输出。

	预测值	实际值	是否正确
0	Iris-setosa	Iris-setosa	1
1	Iris-setosa	Iris-setosa	1
2	Iris-setosa	Iris-setosa	1
3	Iris-versicolor	Iris-versicolor	1
4	Iris-virginica	Iris-virginica	1
5	Iris-versicolor	Iris-versicolor	1
6	Iris-versicolor	Iris-virginica	0
7	Iris-virginica	Iris-virginica	1
8	Iris-setosa	Iris-setosa	1
9	Iris-versicolor	Iris-versicolor	1
10	Iris-setosa	Iris-setosa	1
11	Iris-versicolor	Iris-versicolor	1
12	Iris-virginica	Iris-virginica	1
13	Iris-versicolor	Iris-versicolor	1
14	Iris-versicolor	Iris-versicolor	1
15	Iris-virginica	Iris-virginica	1

图 1-39

现在，让我们执行下面这行代码。

```
rf['correct'].sum()/rf['correct'].count()
```

前面的代码生成图 1-40 的输出。

```
0.9777777777777775
```

图 1-40

这里，我们将模型切换为支持向量机，而没有改变代码的本质。唯一的变化是引入了 SVM 而不是随机森林，以及实例化分类器的那一行代码（标签 y 需要一个小小的格式改变，这是因为 SVM 无法像随机森林分类器那样，将这些标签解释为 NumPy 的字符串）。

这些仅仅是 scikit-learn 能力的一小部分，但它应该可以说明这个伟大的工具对于机器学习应用而言强大的功能和力量。还有许多其他的机器学习库，我们在这里没有机会讨论，不过会在后面的章节中探讨，这里我强烈建议，如果你是第一次使用机器学习库，而又想要一个强大的通用工具，scikit-learn 将是你明智的选择。

1.2.5 部署

将一个机器学习模型放入生产环境时，有许多可用的选项。它基本上取决于应用程序的性质。部署小到在本地机器上运行 cron 作业，大到在 Amazon EC2 实例上部署全面的实现。

这里不会深入具体实施的细节，不过全书中我们将有机会研究不同的部署实例。

1.3 设置机器学习的环境

本章已经介绍了一些可以通过 pip（Python 的包管理器）单独安装的库。不过，我强烈建议你安装预打包的解决方案，例如 Continuum's Anaconda Python 发行版。这是一个单一的可执行程序，包含几乎所有需要的软件包和依赖者。而且，因为这个发行版是针对 Python 科学栈的用户，它本质上是一个一劳永逸的解决方案。

Anaconda 也包括软件包管理器，使得包的更新变得如此简单。

只需简单地键入 conda update <package_name>，那么库就会被更新到最近的稳定版本。

1.4 小结

在本章中，我们介绍了数据科学/机器学习的工作流程。我们学习了如何让数据一步步地通过流水线的每个阶段，从最初的获取一直到最终的部署。本章还涵盖了 Python 科学栈中最重要的一些功能库及其关键特性。

现在，我们将利用这方面的知识和经验，开始创造独特的、有价值的机器学习应用程序。在下一章，你将看到如何运用回归模型来发现一个便宜的公寓，让我们开始吧！

第 2 章
构建应用程序，发现低价的公寓

在上一章中，我们学习了使用数据的基本要素。现在，我们将运用这些知识，构建第一个机器学习的应用程序。我们将从一个规模很小，但是非常实际的例子开始：建立一个应用程序来识别定价较低的公寓。

如果你曾经找过公寓，你就会明白这个过程可能是多么令人沮丧。它不仅耗费时间，而且即使当你发现一个自己喜欢的公寓，你怎么知道它就是合适的公寓？

你可能在心里设定了目标预算和区域。但是，如果你和我是同一类人，那么你也许愿意做一些权衡。例如，我住在纽约市，那么靠近地铁站这样的便利设施毫无疑问是一个很大的加分项。但是，这点到底值多少钱？我是否应该拿有电梯的住所和靠近火车站的住所进行交换？步行到火车站多少分钟？抵得过走上楼梯吗？租房的时候，有几十个这样的问题需要考虑。那么，如何使用机器学习来帮助我们进行决策呢？

本章的剩余部分会探索这一点。我们不能得到所有问题的答案（稍后你会更清楚其中的原因），不过在本章的结尾，我们将创建一个应用程序，使得找公寓这个问题变得稍微简单一点。

我们将在本章讨论以下主题。

- 获取公寓的房源数据。
- 检查和准备数据。
- 可视化数据。
- 构建回归模型。
- 预测。

2.1　获取公寓房源数据

在 20 世纪 70 年代初，如果你想购买股票，就需要聘请经纪人，他们会收取你将近 1%的固定佣金。如果你想购买一张机票，你需要联系旅行社代理，他们将赚取大约 7%的佣金。如果你想出售一间房子，你会联系一个房地产代理，他们赚取 6%的佣金。在 2016 年，你基本上可以免费地做前两者。而对于最后一项，情况仍然和 20 世纪 70 年代的一样，保持不变。

为什么是这种情况？更重要的是，这些与机器学习有什么关系？现实是，这一切都归结于数据，以及谁能够访问它。

你可能想象着通过 API 或爬取房地产网站，就能够很容易地访问珍贵的地产房源数据。你错了，如果你打算遵守这些网站的条款和条件的话。房地产数据受到房地产经纪人国家协会（NAR）的严格控制，由他们运行多项房源服务（MLS）。这是一种聚合房源数据的服务，只有经纪人和代理商可以使用它，而且还需要花费巨资。所以，可以想象，他们不太希望任何人都能大量地下载这些数据。

这是不幸的，因为开放这些数据无疑会催生许多有价值的消费者应用程序。对于占家庭预算最大比重的购买决策而言，这点看上去尤其重要。

话虽如此，也不是完全没有希望。虽然依据条款所言，直接从 MLS 提供商获取数据是被禁止的，但是我们可以利用第三方工具来拉取数据。

现在，我们来看一个有用的工具，它可以帮助我们获取所需的数据。

使用 import.io 抓取房源数据

有许多优秀的、基于 Python 的库用于抓取网页，包括 requests、Beautiful Soup 和 Scrapy。我们将探讨其中的一些，后面的章节还会讨论更多。为了达到此处的目的，我们将使用免费的替代方案：

Import.io（`http://www.import.io`）是一个免费的、基于 Web 的服务，它会自动抓取网页。这是一个很好的选择，让我们可以避免从头开始创建一个网络爬虫。好在，它为房地产的房源数据提供了一个示例 API 接口，数据来自 Zillow.com。

图 2-1 的图片来自 `http://www.import.io/examples`。在 import.io 的搜索框中输入 Zillow.com，检索 Zillow 数据的样例。

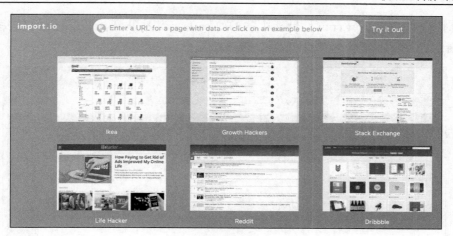

图 2-1

他们所提供的数据是有关旧金山的，不过在我们的例子中将使用纽约。为了更换城市，需要使用我们感兴趣的数据所在的网址，来替换演示所提供的网址。

为了实现这点，我们可以打开一个单独的浏览器选项卡，并导航到 Zillow.com。在那里执行一个公寓搜索。让我们将公寓搜索限制在曼哈顿地区，价格在$1500 到$3000 之间。如图 2-2 所示。

一旦有结果返回，我们需要从浏览器地址栏中复制 Zillow.com 站点的 URL，并将其粘贴到之前选项卡中 import.io 的提取框中。

图 2-2

复制图 2-2 中 Zillow.com 地址栏中的 URL。并将其粘贴到 import.io 的提取框中，如图 2-3 所示。

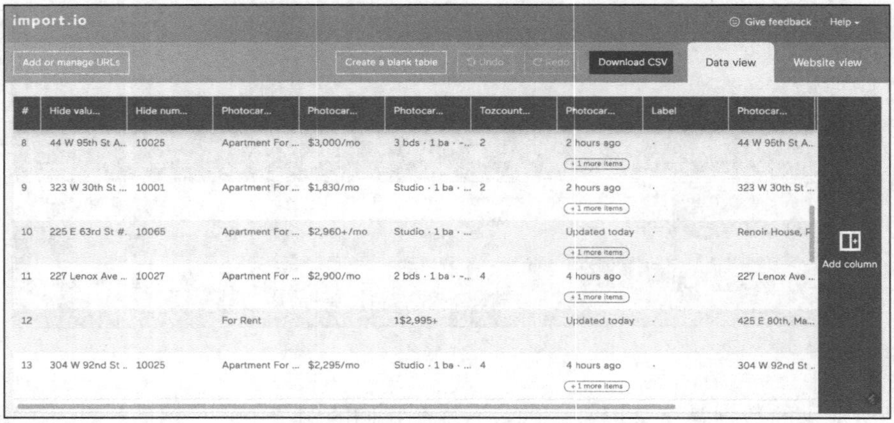

图 2-3

单击左上角的提取数据（Extract Data）按钮，你将看到一个结果表，只显示你想要的数据。

现在，我们可以通过单击"下载 CSV"（Download CSV）按钮，轻松地下载这些数据。弹出的对话框会问我们需要下载多少页，从结果页可以看出在 Zillow 的搜索返回了 2640 条结果，我们需要下载 106 页来获得整个数据集。而 Import.io 仅仅允许我们下载 20 页，现在也只能如此了。

2.2 检查和准备数据

我们现在有一个包含 500 套公寓的数据集。来看看其中有什么。首先在 Jupyter 记事本中，使用 pandas 导入数据。

```
import pandas as pd
import re
import numpy as np
import matplotlib.pyplot as plt

plt.style.use('ggplot')
%matplotlib inline

pd.set_option("display.max_columns", 30)
pd.set_option("display.max_colwidth", 100)
pd.set_option("display.precision", 3)
```

```
# Use the file location of your Import.io csv
CSV_PATH = r"/Users/alexcombs/Downloads/magic.csv"

df = pd.read_csv(CSV_PATH)
df.columns
```

上述代码生成图 2-4 中的输出。

```
Index([u'routablemask_link', u'routablemask_link/_text',
       u'routablemask_link/_title', u'routablemask_link_numbers',
       u'routablemask_content', u'imagebadge_value',
       u'imagebadge_value_numbers', u'routable_link', u'routable_link/_text',
       u'routable_link/_title', u'routable_link_numbers', u'listingtype_value',
       u'pricelarge_value', u'pricelarge_value_prices', u'propertyinfo_value',
       u'propertyinfo_value_numbers', u'fineprint_value',
       u'fineprint_value_numbers', u'tozcount_number', u'tozfresh_value',
       u'tablegrouped_values', u'tablegrouped_values_prices', u'_PAGE_NUMBER'],
      dtype='object')
```

图 2-4

最后一行 df.columns 为数据提供了列标题的输出。此外，让我们使用 df.head().T 查看数据的某些样本。在行结束处的 .T 语法将转置我们的数据框并垂直地显示它，如图 2-5 所示。

	0	1	2	3
routablemask_link	http://www.zillow.com/b/2-Ellwood-St-New-York-...	http://www.zillow.com/b/603-W-140th-St-New-Yor...	http://www.zillow.com/homedetails/9-E-129th-St...	http://www.zillow.com/hon Riversid...
routablemask_link/_text	5 photos	10 photos	NaN	9 photos
routablemask_link/_title	NaN	NaN	NaN	NaN
routablemask_link_numbers	5	10	NaN	9
routablemask_content	NaN	NaN	NaN	NaN
imagebadge_value	5 photos	10 photos	NaN	9 photos
imagebadge_value_numbers	5	10	NaN	9
routable_link	http://www.zillow.com/b/2-Ellwood-St-New-York-...	http://www.zillow.com/b/603-W-140th-St-New-Yor...	http://www.zillow.com/homedetails/9-E-129th-St...	http://www.zillow.com/hon Riversid...
routable_link/_text	2 Ellwood St	603 W 140th St	9 E 129th St # 1, New York, NY10035	710 Riverside Dr APT 2C, NY10031
routable_link/_title	2 Ellwood St APT 5H, New York, NY Real Estate	603 W 140th St APT 44, New York, NY Real Estate	9 E 129th St # 1, New York, NY Real Estate	710 Riverside Dr APT 2C, Real Estate
routable_link_numbers	2	603; 140	9; 129; 1	710; 2
listingtype_value	Apartments For Rent	Apartments For Rent	Apartment For Rent	Apartment For Rent
pricelarge_value	NaN	NaN	$1,750/mo	$3,000/mo
pricelarge_value_prices	NaN	NaN	1750	3000
propertyinfo_value	2 Ellwood St, New York, NY	603 W 140th St, New York, NY	1 bd · 1 ba	2 bds · 2 ba · 1,016 sqft
propertyinfo_value_numbers	2	603; 140	1; 1	2; 2; 1016
fineprint_value	6 matching units	2 matching units	NaN	NaN
fineprint_value_numbers	6	2	NaN	NaN
tozcount_number	NaN	NaN	48	1
tozfresh_value	Updated today	Updated today	minutes ago	hour ago
tablegrouped_values	1 Bedrooms $1,500+ 1.0 ba -- sqft; 2 Bedrooms ...	1 Bedrooms $2,100 1.0 ba 800 sqft; 2 Bedrooms ...	NaN	NaN
tablegrouped_values_prices	1500; 1750	2100; 2595	NaN	NaN
_PAGE_NUMBER	1	1	1	1

图 2-5

我们已经可以看出数据有一些缺失值（NaN）。需要多个操作来标准化此数据。数据集中的列（或者说是图 2-5 中转置后的行）表示了每个 Zillow 房源的单项数据。看起来似乎有两种类型的房源——一种类型是单个单元，而另一种类型是多个单元。

这两种类型可以在图 2-6 中看到。

routable_link/_text	203 Rivington St	280 E 2nd St # 604, New York, NY10009
routable_link/_title	203 Rivington St APT 5B, New York, NY Real Estate	280 E 2nd St # 604, New York, NY Real Estate
routable_link_numbers	203	280; 2; 604
listingtype_value	Apartments For Rent	Apartment For Rent
pricelarge_value	NaN	$2,850/mo
pricelarge_value_prices	NaN	2850
propertyinfo_value	203 Rivington St, New York, NY	1 bd • 1 ba
propertyinfo_value_numbers	203	1; 1
fineprint_value	2 matching units	NaN
fineprint_value_numbers	2	NaN
tozcount_number	NaN	NaN
tozfresh_value	NaN	NaN
tablegrouped_values	1 Bedrooms 3, 0001.0ba750sqft; 2Bedrooms3,000 1.0 ba -- sqft	NaN
tablegrouped_values_prices	3000; 3000	NaN

图 2-6

这两个房源对应于在 Zillow.com 上所看到的图像，如图 2-7 所示。

拆分这些的关键是 `listingtype_value` 这个列头。我们将数据拆分为单一的单元，Apartment for Rent，以及多个单元，Apartments for Rent：

图 2-7

```
# multiple units
mu = df[df['listingtype_value'].str.contains
('Apartments For')]
```

```
# single units
su = df[df['listingtype_value'].str.contains('Apartment For')]
```

现在来看看每种房源类型的数量。

```
len(mu)
```

上述代码生成以下输出。

```
161
len(su)
```

上述代码生成以下输出。

339

由于大多数房源属于单一单元的类型，我们现在将从此开始。

接下来，我们需要将数据格式化为标准结构。例如，至少需要为卧室数、浴室数、平方英尺和地址各准备一列。

从之前的观察中可以发现，我们已经有一个清晰的价格列，那就是 `pricelarge_value_prices`。幸运的是，该列中没有缺失值，因此我们不会因为缺少数据而丢失任何的房源。

卧室和浴室的数量以及平方英尺将需要一些解析，因为它们全都挤在单一的列中。让我们解决这个问题。

先来看一下该列。

`su['propertyinfo_value']`

上述代码生成如图 2-8 所示的输出。

```
451                                      2 bds • 1 ba
452                                      1 bd • 1 ba
453                                      1 bd • 1 ba
454                                      1 bd • 1 ba
457    Studio • 1 ba • 540 sqft • 2.00 ac lot • Built 1961
458                                      2 bds • 1 ba
459                                    Studio • 1 ba
460                                      1 bd • 1 ba
461                                    Studio • 1 ba
462                          Studio • 1 ba • Built 1993
464          Studio • 1 ba • 485 sqft • Built 1962
466                        2 bds • 1 ba • 600 sqft
467          Studio • 1 ba • 522 sqft • Built 2013
468          Studio • 1 ba • 480 sqft • Built 1998
470                                    Studio • 1 ba
471                                    Studio • 1 ba
475          1 bd • 1 ba • 475 sqft • Built 1900
```

图 2-8

看上去，数据似乎总是包括卧室和浴室的数量，偶尔也会包含例如年份这样的额外信息。在我们继续解析之前，先来检验一下这个假设。

```
# 检查没有包含'bd'或'Studio'的行数
len(su[~(su['propertyinfo_value'].str.contains('Studio')\
|su['propertyinfo_value'].str.contains('bd'))])
```

上述代码生成以下输出。

0

现在来看看下面几行代码。

```
#检查没有包含'ba'的行数
len(su[~(su['propertyinfo_value'].str.contains('ba'))])
```

上述代码生成以下输出。

6

看来有几行缺少浴室数量的数据。出现这种情况的原因有多种，我们可以使用一些方法来解决这个问题。一种就是填充或插补这些缺失的数据点。

关于缺失数据的主题很可能讨论一整章甚至是一本书，这里我建议投入一些时间来理解这个课题，它是建模过程中一个关键的组成部分。然而，这并非此处讨论的主要目的，所以我们将假设数据的缺失是随机的，即使删除这些没有浴室信息的房源，也不会使得我们的样本产生不恰当的偏向。

```
# 选择拥有浴室的房源 ①
no_baths = su[~(su['propertyinfo_value'].str.contains('ba'))]

# 再排除那些缺失了浴室信息的房源
sucln = su[~su.index.isin(no_baths.index)]
```

现在我们可以继续解析卧室和浴室信息：

```
# 使用项目符号进行切分
def parse_info(row):
        if not 'sqft' in row:
            br, ba = row.split('')[:2]
            sqft = np.nan
        else:
            br, ba, sqft = row.split('.')[:3]
        return pd.Series({'Beds': br, 'Baths': ba, 'Sqft': sqft})

attr = sucln['propertyinfo_value'].apply(parse_info)

attr
```

上述代码生成图 2-9 的输出。

这里我们做了些什么？我们在 propertyinfo_value 列上运行了 apply 函数。然后该操作返回一个数据框，其中每个公寓属性都会成为单独的列。在最终完成之前，还有几个额外的步骤。我们需要在取值中删除字符串（bd、ba 和 sqft），并且需要将这个新的数据框和原始的数据进行连接。让我们现在就这么做吧。

---

① 这行代码中，作者使用的注释和变量名令人困惑，但是最终效果是一样的。

```
#在取值中将字符串删除
attr_cln = attr.applymap(lambda x: x.strip().split(' ')[0] if
isinstance (x,str) else np.nan)

attr_cln
```

上述代码生成图 2-10 的输出。

	浴室	卧室	平方英尺
2	1 ba	1 bd	NaN
3	2 ba	2 bds	1,016 sqft
4	1 ba	Studio	NaN
5	1 ba	2 bds	NaN
7	1 ba	2 bds	NaN
10	1 ba	1 bd	NaN
11	1 ba	1 bd	496 sqft
12	1 ba	Studio	NaN
13	1 ba	1 bd	NaN
17	1 ba	1 bd	NaN
18	1 ba	Studio	NaN

图 2-9

	浴室	卧室	平方英尺
2	1	1	NaN
3	2	2	1,016
4	1	Studio	NaN
5	1	2	NaN
7	1	2	NaN
10	1	1	NaN
11	1	1	496
12	1	Studio	NaN
13	1	1	NaN
17	1	1	NaN
18	1	Studio	NaN

图 2-10

让我们来看看下面的代码。

```
sujnd = sucln.join(attr_cln)

sujnd.T
```

上述代码生成图 2-11 的输出。

到了这个时刻，各方面的数据集开始聚集在一起了。我们可以基于卧室的数量、浴室的数量和面积的平方英尺数，来测试关于公寓价值的假设。但是，正如行业专家所说，房地产的区域最为关键。让我们采取和之前相同的属性解析方法，并将其应用到公寓的地址上。

如果可能，我们还将尝试提取楼层的信息。这里我们假设一个模式，其中一个数字后面跟随一个字母，而该数字就表示建筑物的楼层。

```
# parse out zip, floor
def parse_addy(r):
    so_zip = re.search(', NY(\d+)', r)
    so_flr = re.search('(?:APT|#)\s+(\d+)[A-Z]+,', r)
    if so_zip:
        zipc = so_zip.group(1)
    else:
```

```
        zipc = np.nan
    if so_flr:
        flr = so_flr.group(1)
    else:
        flr = np.nan
    return pd.Series({'Zip':zipc, 'Floor': flr})


flrzip = sujnd['routable_link/_text'].apply(parse_addy)


suf = sujnd.join(flrzip)


suf.T
```

	2	3	4
routablemask_link	http://www.zillow.com/homedetails/9-E-129th-St-1-New-York-NY-10035/2100761096_zpid/	http://www.zillow.com/homedetails/710-Riverside-Dr-APT-2C-New-York-NY-10031/124451755_zpid/	http://www.zillow.com/homedetails/413-E-84th-St-APT-8-New-York-NY-10028/2100761260_zpid/
routablemask_link/_text	NaN	9 photos	5 photos
routablemask_link/_title	NaN	NaN	NaN
routablemask_link_numbers	NaN	9	5
routablemask_content	NaN	NaN	NaN
imagebadge_value	NaN	9 photos	5 photos
imagebadge_value_numbers	NaN	9	5
routable_link	http://www.zillow.com/homedetails/9-E-129th-St-1-New-York-NY-10035/2100761096_zpid/	http://www.zillow.com/homedetails/710-Riverside-Dr-APT-2C-New-York-NY-10031/124451755_zpid/	http://www.zillow.com/homedetails/413-E-84th-St-APT-8-New-York-NY-10028/2100761260_zpid/
routable_link/_text	9 E 129th St # 1, New York, NY10035	710 Riverside Dr APT 2C, New York, NY10031	413 E 84th St APT 8, New York, NY10028
routable_link/_title	9 E 129th St # 1, New York, NY Real Estate	710 Riverside Dr APT 2C, New York, NY Real Estate	413 E 84th St APT 8, New York, NY Real Estate
routable_link_numbers	9; 129; 1	710; 2	413; 84; 8
listingtype_value	Apartment For Rent	Apartment For Rent	Apartment For Rent
pricelarge_value	$1,750/mo	$3,000/mo	$2,300/mo
pricelarge_value_prices	1750	3000	2300
propertyinfo_value	1 bd · 1 ba	2 bds · 2 ba · 1,016 sqft	Studio · 1 ba
propertyinfo_value_numbers	1; 1	2; 2; 1016	1
fineprint_value	NaN	NaN	NaN
fineprint_value_numbers	NaN	NaN	NaN
tozcount_number	48	1	2
tozfresh_value	minutes ago	hour ago	hours ago
tablegrouped_values	NaN	NaN	NaN
tablegrouped_values_prices	NaN	NaN	NaN
_PAGE_NUMBER	1	1	1
Baths	1	2	1
Beds	1	2	Studio
Sqft	NaN	1,016	NaN

图 2-11

上述代码生成图 2-12 的输出。

	2	3	4
routablemask_link	http://www.zillow.com/homedetails/9-E-129th-St-1-New-York-NY-10035/2100761096_zpid/	http://www.zillow.com/homedetails/710-Riverside-Dr-APT-2C-New-York-NY-10031/124451755_zpid/	http://www.zillow.com/homedetails/413-E-84th-St-APT-8-New-York-NY-10028/2100761260_zpid/
routablemask_link/_text	NaN	9 photos	5 photos
routablemask_link/_title	NaN	NaN	NaN
routablemask_link_numbers	NaN	9	5
routablemask_content	NaN	NaN	NaN
imagebadge_value	NaN	9 photos	5 photos
imagebadge_value_numbers	NaN	9	5
routable_link	http://www.zillow.com/homedetails/9-E-129th-St-1-New-York-NY-10035/2100761096_zpid/	http://www.zillow.com/homedetails/710-Riverside-Dr-APT-2C-New-York-NY-10031/124451755_zpid/	http://www.zillow.com/homedetails/413-E-84th-St-APT-8-New-York-NY-10028/2100761260_zpid/
routable_link/_text	9 E 129th St # 1, New York, NY10035	710 Riverside Dr APT 2C, New York, NY10031	413 E 84th St APT 8, New York, NY10028
routable_link/_title	9 E 129th St # 1, New York, NY Real Estate	710 Riverside Dr APT 2C, New York, NY Real Estate	413 E 84th St APT 8, New York, NY Real Estate
routable_link_numbers	9; 129; 1	710; 2	413; 84; 8
listingtype_value	Apartment For Rent	Apartment For Rent	Apartment For Rent
pricelarge_value	$1,750/mo	$3,000/mo	$2,300/mo
pricelarge_value_prices	1750	3000	2300
propertyinfo_value	1 bd · 1 ba	2 bds · 2 ba · 1,016 sqft	Studio · 1 ba
propertyinfo_value_numbers	1; 1	2; 2; 1016	1
fineprint_value	NaN	NaN	NaN
fineprint_value_numbers	NaN	NaN	NaN
tozcount_number	48	1	2
tozfresh_value	minutes ago	hour ago	hours ago
tablegrouped_values	NaN	NaN	NaN
tablegrouped_values_prices	NaN	NaN	NaN
_PAGE_NUMBER	1	1	1
Baths	1	2	1
Beds	1	2	Studio
Sqft	NaN	1,016	NaN
Floor	NaN	2	NaN
Zip	10035	10031	10028

图 2-12

正如你所看到的，当楼层和邮编信息出现的时候，我们能够成功地解析出它们。这使我们从 333 个房源中获得了 320 个带有邮政编码信息的房源和 164 个带有楼层信息的房源。

最终进行一点清理，然后我们即将开始检查这个数据集。

```
# 我们将数据减少为所感兴趣的那些列
sudf = suf[['pricelarge_value_prices', 'Beds', 'Baths', 'Sqft', 'Floor',
'Zip']]
```

```
# 我们还会清理奇怪的列名，并重置索引
sudf.rename(columns={'pricelarge_value_prices':'Rent'}, inplace=True)

sudf.reset_index(drop=True, inplace=True)

sudf
```

上述代码生成图 2-13 的输出。

	租金	卧室	浴室	平方英尺	楼层	邮政编码
0	1750	1	1	NaN	NaN	10035
1	3000	2	2	1,016	2	10031
2	2300	Studio	1	NaN	NaN	10028
3	2500	2	1	NaN	6	10035
4	2800	2	1	NaN	NaN	10012
5	2490	1	1	NaN	4	10036
6	2750	1	1	496	5	10021
7	2150	Studio	1	NaN	3	10024
8	2875	1	1	NaN	2	10023
9	2225	1	1	NaN	4	10036
10	2450	Studio	1	NaN	4	10014

图 2-13

2.2.1 分析数据

到了这个阶段，数据已经是我们分析时所需要的格式了。让我们从一些总体的统计数据分析开始。

```
sudf.describe()
```

上述代码生成图 2-14 的输出。

这里可以看到租金的统计细分。不要忘记我们从 Zillow 的原始数据中，只选择了每月价格在 1500 到 3000 美元之间的公寓。在这里无法看到的是卧室和浴室的平均数量，或者楼层的平均数。导致这个现象的问题有两个。第一个问题涉及卧室。我们需要所有的数据都为数值型才能获得统计。可以将工作室公寓认定为一个零卧室的公寓（实际也确实如此），来解决这个问题。

```
# 我们将出现的'Studio'替换为0
sudf.loc[:,'Beds'] = sudf['Beds'].map(lambda x: 0 if 'Studio' in x else x)

sudf
```

上述代码生成图 2-15 的输出。

	租金
数量	333.000000
平均值	2492.627628
标准差	366.882478
最小值	1500.000000
25%	2200.000000
50%	2525.000000
75%	2800.000000
最大值	3000.000000

图 2-14

	租金	卧室数量	浴室数量	平方英尺	楼层	邮政编码
0	1750	1	1	NaN	NaN	10035
1	3000	2	2	1,016	2	10031
2	2300	0	1	NaN	NaN	10028
3	2500	2	1	NaN	6	10035
4	2800	2	1	NaN	NaN	10012
5	2490	1	1	NaN	4	10036
6	2750	1	1	496	5	10021
7	2150	0	1	NaN	4	10024
8	2875	1	1	NaN	2	10023
9	2225	1	1	NaN	4	10036
10	2450	0	1	NaN	4	10014

图 2-15

这解决了第一个问题，但我们还有另一个问题。任何需要统计数据的列必须是数值类型。正如你在图 2-16 的截图所见，情况并非如此。

```
sudf.info()
```

上述代码生成图 2-16 的输出。

```
<class 'pandas.core.frame.DataFrame'>
Int64Index: 333 entries, 0 to 332
Data columns (total 6 columns):
Rent      333 non-null float64
Beds      333 non-null object
Baths     333 non-null object
Sqft      108 non-null object
Floor     164 non-null object
Zip       320 non-null object
dtypes: float64(1), object(5)
memory usage: 18.2+ KB
```

图 2-16

我们可以通过更改数据类型来解决这个问题，如下面的代码所示。

```
# 让我们解决列中数据类型的问题
sudf.loc[:,'Rent'] = sudf['Rent'].astype(int)
sudf.loc[:,'Beds'] = sudf['Beds'].astype(int)

# 存在半间浴室的情况，因此需要浮点型
sudf.loc[:,'Baths'] = sudf['Baths'].astype(float)

# 存在 NaNs，需要浮点型，但是首先要将逗号替换掉
sudf.loc[:,'Sqft'] = sudf['Sqft'].str.replace(',','')

sudf.loc[:,'Sqft'] = sudf['Sqft'].astype(float)
sudf.loc[:,'Floor'] = sudf['Floor'].astype(float)
```

让我们执行下面的这行代码并看看结果如何。

```
sudf.info()
```

上述代码生成图 2-17 的输出。

让我们执行下面的代码行，以便得到最终的统计数据。

```
sudf.describe()
```

上述代码生成图 2-18 的输出。

```
<class 'pandas.core.frame.DataFrame'>
Int64Index: 333 entries, 0 to 332
Data columns (total 6 columns):
Rent    333 non-null int64
Beds    333 non-null int64
Baths   333 non-null float64
Sqft    108 non-null float64
Floor   164 non-null float64
Zip     320 non-null object
dtypes: float64(3), int64(2), object(1)
memory usage: 18.2+ KB
```

图 2-17

	租金	卧室数量	浴室数量	平方英尺	楼层
count	333.00	333.00	333.00	108.00	164.00
mean	2492.63	0.82	1.01	528.98	11.20
std	366.88	0.72	0.08	133.05	86.18
min	1500.00	0.00	1.00	280.00	1.00
25%	2200.00	0.00	1.00	447.50	2.00
50%	2525.00	1.00	1.00	512.00	4.00
75%	2800.00	1.00	1.00	600.00	5.00
max	3000.00	3.00	2.00	1090.00	1107.00

图 2-18

租金、卧室、浴室和平方英尺的数字都看起来不错，但是 Floor 楼层这一列似乎有些问题。在纽约，确实有很多非常高的建筑，但我想没有超过 1000 层的。

快速看过数据之后，你会发现 APT 1107A 给了我们这个结果。很可能，这是一个 11 层的公寓，但是为了安全性以及一致性，我们会放弃这个房源。幸运的是，这是唯一超出 30 楼的房源，所以我们的数据仍然是完好的状态。

```
# 索引标号 318 是有问题的房源，这里放弃它
sudf = sudf.drop([318])

sudf.describe()
```

上述代码生成图 2-19 的输出。

我们的数据现在看起来不错，接下来继续分析的步骤。让我们生成数据的透视图，首先通过邮政编码和卧室数量来检视价格的情况。Pandas 有一个.pivot_table()函数，使这个操作变得很容易。

	租金	卧室数量	浴室数量	平方英尺	楼层
count	332.00	332.00	332.00	108.00	163.00
mean	2493.51	0.82	1.01	528.98	4.48
std	367.08	0.72	0.08	133.05	3.86
min	1500.00	0.00	1.00	280.00	1.00
25%	2200.00	0.00	1.00	447.50	2.00
50%	2527.50	1.00	1.00	512.00	4.00
75%	2800.00	1.00	1.00	600.00	5.00
max	3000.00	3.00	2.00	1090.00	32.00

图 2-19

```
sudf.pivot_table('Rent', 'Zip', 'Beds', aggfunc='mean')
```

上述代码生成图 2-20 的输出。

此操作可让我们按照邮政编码来查看平均价格。正如你所见，随着房间数量的增加，我们将看到越来越少的房源，NaN 值就是很好的证明。为了进一步探究其原因，我们可以基于房源的数量进行透视。

```
sudf.pivot_table('Rent', 'Zip', 'Beds', aggfunc='count')
```

上述代码生成图 2-21 的输出。

卧室数量	0.0	1.0	2.0	3.0
邮政编码				
10001	2737.50	NaN	NaN	NaN
10002	2283.44	2422.51	2792.65	NaN
10003	2109.89	2487.81	2525.00	NaN
10004	2798.75	2850.00	NaN	NaN
10005	2516.00	NaN	NaN	NaN
10006	2611.00	2788.00	NaN	NaN
10009	2200.91	2568.44	2530.00	NaN
10010	NaN	2299.00	2940.00	NaN
10011	2774.67	2852.00	2595.00	NaN
10012	2547.00	2744.91	2581.67	NaN
10013	2709.29	2584.44	2650.00	NaN
10014	2450.00	NaN	NaN	NaN
10016	2615.00	2450.00	NaN	NaN
10017	NaN	2733.33	NaN	NaN
10019	2195.00	2661.67	2925.00	NaN
10021	1900.00	2388.33	2500.00	NaN
10022	2170.00	NaN	NaN	NaN
10023	2165.00	2773.33	NaN	NaN
10024	2322.50	2621.50	NaN	NaN
10025	2500.00	NaN	NaN	NaN
10026	NaN	2800.00	NaN	NaN
10027	NaN	1850.00	NaN	NaN
10028	2100.00	2333.33	NaN	NaN
10029	1597.50	2097.50	2650.00	NaN
10031	NaN	NaN	2531.25	2700

图 2-20

卧室数量	0.0	1.0	2.0	3.0
邮政编码				
10001	2	NaN	NaN	NaN
10002	16	39	17	NaN
10003	9	16	2	NaN
10004	4	1	NaN	NaN
10005	4	NaN	NaN	NaN
10006	4	1	NaN	NaN
10009	11	34	8	NaN
10010	NaN	1	1	NaN
10011	3	1	1	NaN
10012	5	11	3	NaN
10013	7	9	2	NaN
10014	1	NaN	NaN	NaN
10016	3	1	NaN	NaN
10017	NaN	3	NaN	NaN
10019	1	3	1	NaN
10021	1	3	1	NaN
10022	1	NaN	NaN	NaN
10023	3	3	NaN	NaN
10024	6	2	NaN	NaN
10025	1	NaN	NaN	NaN
10026	NaN	2	NaN	NaN
10027	NaN	2	NaN	NaN
10028	2	3	NaN	NaN
10029	2	4	1	NaN
10031	NaN	NaN	4	1

图 2-21

从图 2-21 可以看出，根据邮政编码和卧室数量的维度来分析，我们的数据是稀疏的。这是不幸的，理想情况下，我们应该需要更多的数据。尽管如此，我们仍然可以进行分析。

现在要通过可视化的方式来检视手头的数据。

2.2.2   可视化数据

由于目前的数据是基于邮政编码的，因此最好的可视化方法是使用热图[①]。如果你不熟悉热图，那么简单地来理解它只是按照色谱来表示数据的可视化。现在，让我们使用名为 folium 的 Python 映射库来实现这一点（https://github.com/python-visualization/folium）。

由于缺少包含两到三间卧室的公寓，让我们缩减数据集，聚焦到工作室和一间卧室的房源。

```
su_lt_two = sudf[sudf['Beds']<2]
```

现在我们将继续创建可视化。

```
import folium


map = folium.Map(location=[40.748817, -73.985428], zoom_start=13)
map.geo_json(geo_path=r'/Users/alexcombs/Downloads/nyc.json',
data=su_lt_two,
            columns=['Zip', 'Rent'],
            key_on='feature.properties.postalCode',
            threshold_scale=[1700.00, 1900.00, 2100.00, 2300.00, 2500.00,
2750.00],
            fill_color='YlOrRd', fill_opacity=0.7, line_opacity=0.2,
            legend_name='Rent (%)',
             reset=True)
map.create_map(path='nyc.html')
```

上述代码生成图 2-22 的输出。

这里发生了很多事情，所以让我们一步一步来分析。导入 folium 后，我们创建了一个 .Map() 对象。为了使地图居中，还需要传入坐标和缩放级别。我在 Google 上搜索了帝国大厦的坐标（你需要使用经度的正负符号），并调整缩放，使帝国大厦出现在我想要居中的地方。

下一行代码需要一个称为 GeoJSON 文件的东西。这是一个表示地理属性的开放格式来。通过搜索 NYC GeoJSON 文件，我找到了一个，特别是它还包含了邮政编码的映射。一旦传入了 GeoJSON 文件与邮政编码之后，你还需要传入数据框。

然后你需要引用键列（在这个例子中为 Zip）以及你希望用于热图的列。在我们的例子中将使用租金的中位数。其他选项用于确定颜色的调色板、颜色改变的取值以及某些用

---

① 译者注：热图可以帮助显示基于地理位置的信息，所以适合邮编相关的分析。

于调整图例和着色的其他参数。最后一行代码确定了输出文件的名称。

图 2-22

如果你在本地机器上使用这些代码，你可能会在 Chrome 浏览器中遇到一个问题。阴影部分似乎不正常。Chrome 认为其是跨域请求，因此拒绝执行它，而且由于此，你将无法看到热图的叠加部分。Internet Explorer 和 Safari 浏览器应该可以正常显示。

随着热图完成，我们可以感受到哪些地区有更高的或更低的租金。如果你租房的时候关注某个特定的区域，这将很有帮助。不过，让我们继续使用回归建模，进行更为深入的分析。

2.3 对数据建模

让我们开始使用一个和两个卧室的数据集。我们将观察邮政编码和卧室数量对于出租价格的影响。这里将使用两个包：第一个是 statsmodels，我们在前一章简要讨论过，而第二个包：patsy（https://patsy.readthedocs.org/en/latest/index.html）和

statsmodels 搭档使用，使工作更轻松。在运行回归的时候，Patsy 让我们可以使用 R 风格的公式。

让我们现在开始吧。

```
import patsy
import statsmodels.api as sm

f = 'Rent ~ Zip + Beds'
y, X = patsy.dmatrices(f, su_lt_two, return_type='dataframe')

results = sm.OLS(y, X).fit()
print(results.summary())
```

上述代码生成图 2-23 的输出。

```
                          OLS Regression Results
==============================================================================
Dep. Variable:                   Rent   R-squared:                       0.377
Model:                            OLS   Adj. R-squared:                  0.283
Method:                 Least Squares   F-statistic:                     4.034
Date:                Sat, 31 Oct 2015   Prob (F-statistic):           1.21e-10
Time:                        13:44:15   Log-Likelihood:                -1856.8
No. Observations:                 262   AIC:                             3784.
Df Residuals:                     227   BIC:                             3908.
Df Model:                          34
==============================================================================
                   coef    std err          t      P>|t|      [95.0% Conf. Int.]
------------------------------------------------------------------------------
Intercept       2737.5000    219.893     12.449      0.000      2304.207  3170.793
Zip[T.10002]    -503.2729    226.072     -2.226      0.027      -948.740   -57.806
Zip[T.10003]    -519.1638    230.290     -2.254      0.025      -972.943   -65.384
Zip[T.10004]      29.8051    260.334      0.114      0.909      -483.175   542.785
Zip[T.10005]    -221.5000    269.313     -0.822      0.412      -752.174   309.174
Zip[T.10006]    -132.7949    260.334     -0.510      0.610      -645.775   380.185
Zip[T.10009]    -416.4142    227.231     -1.833      0.068      -864.166    31.338
Zip[T.10010]    -646.9746    383.461     -1.687      0.093     -1402.572   108.623
Zip[T.10011]       4.3813    269.543      0.016      0.987      -526.746   535.508
Zip[T.10012]    -197.7638    235.233     -0.841      0.401      -661.283   265.755
Zip[T.10013]    -215.7045    234.573     -0.920      0.359      -677.924   246.515
Zip[T.10014]    -287.5000    380.867     -0.755      0.451     -1037.986   462.986
Zip[T.10016]    -215.8687    269.543     -0.801      0.424      -746.996   315.258
Zip[T.10017]    -212.6413    287.352     -0.740      0.460      -778.860   353.577
Zip[T.10019]    -348.8560    271.376     -1.286      0.200      -883.594   185.882
Zip[T.10021]    -627.6060    271.376     -2.313      0.022     -1162.344   -92.868
Zip[T.10022]    -567.5000    380.867     -1.490      0.138     -1317.986   182.986
Zip[T.10023]    -372.5707    254.885     -1.462      0.145      -874.814   129.673
Zip[T.10024]    -392.3687    246.100     -1.594      0.112      -877.302    92.564
Zip[T.10025]    -237.5000    380.867     -0.624      0.534      -987.986   512.986
Zip[T.10026]    -145.9746    314.148     -0.465      0.643      -764.994   473.045
Zip[T.10027]   -1095.9746    314.148     -3.489      0.001     -1714.994  -476.955
Zip[T.10028]    -622.5848    261.550     -2.380      0.018     -1137.960  -107.209
Zip[T.10029]    -945.6498    255.640     -3.699      0.000     -1449.382  -441.918
Zip[T.10033]   -1120.9746    383.461     -2.923      0.004     -1876.572  -365.377
Zip[T.10035]    -983.8560    271.376     -3.625      0.000     -1518.594  -449.118
Zip[T.10036]    -321.4831    285.429     -1.126      0.261      -883.912   240.946
Zip[T.10037]   -1130.9746    314.148     -3.600      0.000     -1749.994  -511.955
Zip[T.10038]    -176.8475    240.922     -0.734      0.464      -651.578   297.883
Zip[T.10040]   -1395.9746    383.461     -3.640      0.000     -2151.572  -640.377
Zip[T.10065]    -564.5848    261.550     -2.159      0.032     -1079.960   -49.209
Zip[T.10075]    -529.2373    270.232     -1.958      0.051     -1061.721     3.247
Zip[T.10280]     -19.4915    254.345     -0.077      0.939      -520.670   481.687
Zip[T.11229]    -350.9746    383.461     -0.915      0.361     -1106.572   404.623
Beds             208.4746     44.528      4.682      0.000       120.734   296.215
==============================================================================
Omnibus:                        3.745   Durbin-Watson:                   2.039
Prob(Omnibus):                  0.154   Jarque-Bera (JB):                2.546
Skew:                          -0.012   Prob(JB):                        0.280
Kurtosis:                       2.518   Cond. No.                         84.2
==============================================================================
```

图 2-23

通过这几行代码，我们刚刚运行了第一个机器学习算法。

 虽然大多数人不倾向于将线性回归视为机器学习，但它实际上就是机器学习。线性回归是一种监督式的机器学习。在这种情况下，监督只是意味着我们为训练集提供了输出值[①]。

现在，让我们解释这其中发生的事情。在引入包之后，有两行和 patsy 模块相关的代码。第一行是我们将要使用的公式。在左手边（波浪号之前）是反应或因变量，也就是 Rent。在右手边，是独立或预测变量，就是 Zip 和 Beds。这个公式表示，我们想知道邮政编码和卧室数量将如何影响出租价格。

然后我们的公式将和包含相应列名的数据框一起，传递给 patsy.dmatrices()。然后设置 Patsy，让它返回一个数据框，其中 X 矩阵由预测变量组成，而 y 向量由响应变量组成。这些将被传递给 sm.OLS()，之后调用 .fit() 来运行我们的模型。最后，打印出模型的结果。

如你所见，输出的结果提供了大量的信息。让我们从最上面的部分开始吧。可以看到模型包括了 262 个观察样本，调整后的 R2 为 0.283，F-statistic 为 1.21e-10，具有统计的显着性。这里显著性是指什么？它意味着我们所创建的模型，仅仅使用卧室数量和邮政编码，就已经能够解释约三分之一的价格差异。这是一个满意的结果吗？为了更好地回答这个问题，让我们来看看输出的中间部分。

中间部分为我们提供了模型中每个自变量的有关信息。从左到右，我们可以看到以下信息：变量、变量在模型中的系数、标准误差、t 统计量、t 统计量的 p 值，以及 95% 的置信区间。

这一切告诉我们什么？如果看 p 值这一列，我们可以确定独立变量从统计的角度来看是否具有意义。在回归模型中具有统计学意义，这意味着一个独立变量和响应变量之间的关系不太可能是偶然发生的。通常，统计学家使用 0.05 的 p 值来确定这一点。一个 0.05 的 p 值意味着我们看到的结果只有 5% 的可能性是偶然发生的。就这里的输出而言，卧室的数量显然是有意义的。那邮政编码怎么样呢？

首先要注意的是，我们的截距代表了 10001 的邮政编码。建立线性回归模型的时候，是需要截距的。截距就是回归线和 y 轴交叉的地方。Statsmodels 会自动选择一个预测

---

① 译者注：或者说是目标值。

变量作为截距。在这里，它决定使用纽约的切尔西地区（10001）[①]。

就像卧室的数量，截距在统计上是显着的。但是，其他邮政编码又怎么样呢？

在大多数情况下，它们并不显著。不过，让我们来看看显著的几个。邮政编码——10027、10029 和 10035——都是非常显著的，并且都具有很高的负置信区间。这告诉我们，和切尔西地区一个类似的公寓相比，这些地区往往会有较低的租金价格。

因为切尔西被认为是纽约的一个时尚之地，而另三个街区都在哈林区[②]及其附近——它们当然不会被认为是时尚的地方——模型与我们对真实世界的直觉，是相吻合的。

现在让我们使用这个模型进行一些预测。

2.3.1 预测

假设根据前面的分析，我们对三个特定的邮政编码感兴趣：10002、10003 和 10009。我们应该如何使用已有的模型，来确定为某个公寓支付多少钱呢？下面来看看吧。

首先，需要理解模型的输入是什么样子，这样我们才知道如何输入一组新的值。让我们来看看 X 矩阵。

X.head()

上述代码生成图 2-24 的输出。

	截距	邮编[T.10002]	邮编[T.10003]	邮编[T.10004]	邮编[T.10005]	邮编[T.10006]	邮编[T.10009]	邮编[T.10010]	邮编[T.10011]	邮编[T.10012]
0	1	0	0	0	0	0	0	0	0	0
2	1	0	0	0	0	0	0	0	0	0
5	1	0	0	0	0	0	0	0	0	0
6	1	0	0	0	0	0	0	0	0	0
7	1	0	0	0	0	0	0	0	0	0

图 2-24

我们可以看到，输入是用所谓的虚拟变量进行编码的。由于邮政编码不是数字的，所以为了表示这个特征，系统使用了虚拟编码。如果某个公寓在 10003 中，那么该列将被编码为 1，而所有其他邮政编码都被编码为 0。而卧室是数值型的，所以系统将根据实际的数字对其进行编码。现在，让我们创建自己的输入行进行预测。

```
to_pred_idx = X.iloc [0] .index
to_pred_zeros = np.zeros (len (to_pred_idx))
```

---

① 译者注：位于美国纽约曼哈顿的切尔西区域，以画廊、音乐、文学等各类艺术而闻名。

② 译者注：纽约的黑人区。

```
tpdf = pd.DataFrame(to_pred_zeros, index = to_pred_idx, columns = ['value'])
```

```
tpdf
```

上述代码生成图 2-25 的输出。

我们刚刚使用了 X 矩阵的索引，并用零填充数据。现在让我们填入一些实际的值。我们要对一个位于 10009 区域的、包含一间卧室的公寓进行估价。

```
tpdf.loc['Intercept'] = 1
tpdf.loc['Beds'] = 1
tpdf.loc['Zip[T.10009]'] = 1
```

```
tpdf
```

 对于线性回归，截距值必须设置为 1，模型才能返回正确的统计值。

上述代码生成图 2-26 的输出。

	value
截距	0
邮编[T.10002]	0
邮编[T.10003]	0
邮编[T.10004]	0
邮编[T.10005]	0
邮编[T.10006]	0
邮编[T.10009]	0
邮编[T.10010]	0
邮编[T.10011]	0
邮编[T.10012]	0
邮编[T.10013]	0
邮编[T.10014]	0
邮编[T.10016]	0
邮编[T.10017]	0

图 2-25

	value
截距	1
邮编[T.10002]	0
邮编[T.10003]	0
邮编[T.10004]	0
邮编[T.10005]	0
邮编[T.10006]	0
邮编[T.10009]	1
邮编[T.10010]	0
邮编[T.10011]	0
邮编[T.10012]	0

图 2-26

这里我们可以看到截距和 10009 邮政编码已经被设置为 1 了。

在图 2-27 中，我们可以看到卧室的数量也已经被设置为 1 了。

我们已经将特征设置为了适当的值，现在使用该模型返回一个预测。

```
results.predict(tpdf['value'])
```

上述代码生成如下输出。

```
2529.5604669841355
```

请记住，results 是我们保存模型的变量名。这个模型对象有一个 .predict() 方法，我们使用自己的输入值调用该方法。正如你可以看到的，模型返回了预测的值。

如果我们想要在条件中增加一间卧室怎么办？

来改变一下输入并看看结果。

```
tpdf['value'] = 0
tpdf.loc['Intercept'] = 1
tpdf.loc['Beds'] = 2
tpdf.loc['Zip[T.10009]'] = 1
```

```
tpdf
```

上述代码生成了图 2-28 的输出。

邮编 [T.10029]	0
邮编 [T.10033]	0
邮编 [T.10035]	0
邮编 [T.10036]	0
邮编 [T.10037]	0
邮编 [T.10038]	0
邮编 [T.10040]	0
邮编 [T.10065]	0
邮编 [T.10075]	0
邮编 [T.10280]	0
邮编 [T.11229]	0
卧室数量	1

图 2-27

邮编 [T.10035]	0
邮编 [T.10036]	0
邮编 [T.10037]	0
邮编 [T.10038]	0
邮编 [T.10040]	0
邮编 [T.10065]	0
邮编 [T.10075]	0
邮编 [T.10280]	0
邮编 [T.11229]	0
卧室数量	2

图 2-28

我们可以看到卧室数量已经被更新为 2。

现在，我们将再次运行预测。

```
results.predict(tpdf['value'])
```

上述代码生成以下输出。

```
2738.035104645339
```

看起来，额外增加的卧室每个月将花费我们大约 200 美元。如果我们选择 10002 地区呢？让我们在代码中实现这个。

```
tpdf['value'] = 0
tpdf.loc['Intercept'] = 1
tpdf.loc['Beds'] = 2
tpdf.loc['Zip[T.10002]'] = 1

results.predict(tpdf['value'])
```

上述代码生成以下输出。

```
2651.1763504369078
```

根据我们的模型，如果选择 10002 而不是 10009 地区，我们可以在两卧室的公寓上少花一些钱。

2.3.2 扩展模型

到了目前这个阶段，我们只检视了邮政编码、卧室和出租价格之间的关系。虽然这个模型有一定的解释能力，但是，我们的数据集太小，使用的特征也太少，无法充分地观测房地产估值这个复杂的市场。

然而，幸运的是，我们即将向该模型添加更多的数据和特征，而且可以使用完全相同的框架来扩展我们的分析。

未来可扩展的探索包括利用 Foursquare 或 Yelp API 所提供的餐馆和酒吧数据，或者是 Walk Score 这类供应商所提供的可步行性和交通便利性指标。

要扩展这个模型有很多的方法，我建议你在一个方向上持续努力，例如探索各种指标。随着每天更多的数据被发布，你的模型会不断地改善。

2.4 小结

在本章中，你学习了如何获取房地产列表上的数据，利用 pandas 的功能来操作和清理数据，通过热图来可视化地检视数据，最后，构建并使用回归模型来为公寓估价。

目前为止，我们只是刚刚接触了机器学习的表层。在下面的章节中，我们会继续探索不同的算法和应用。

下一章将探讨如何使用聚类算法寻找极其稀有的、折扣力度非常之大的机票。

第 3 章
构建应用程序，发现低价的机票

让我们谈谈错误。它们是生活的一部分，每个人都会犯错——即使是航空公司也如此。

在 2014 年的某个下午，我正在阅读 Twitter 上的订阅消息，而我所关注的其中一个账号是美国一家主要的航空公司，它们所提供的到欧洲的机票价格明显低于正常值。当时，从纽约到维也纳最便宜的票价也要大约 800 美元。然而，该航空公司在某些日期的推广票价介于 350 美元到 450 美元之间。这似乎好得让人难以置信，不过确有可能是真的。我偶然发现了行业所说的错误票价。

在旅行老手和里程贩子的超级秘密社会里，这是众所周知的，航空公司偶尔——而且意外地——贴出不包括燃料附加费的票价。

值得注意的是，这不是他们所犯的唯一一类错误。你可能会期望先进的算法为每个航班更新票价，它会考虑到大量的因素而不至于犯错。在大多数情况下，你是对的。但是，由于遗留系统的存在，以及处理多个飞行运营商和管辖区域的复杂性，错误确实会发生。

既然你知道这些票价真的存在，你怎么能得到它们呢？当然是通过机器学习了！由于这种机票通常只会持续几个小时然后就消失了，所以我们要建立一个应用程序，持续监控票价。一旦出现异常价格，应用程序将产生一个提醒，然后我们就可以快速地采取行动了。

我们将在本章讨论以下主题。

- 在网上获取机票价格。
- 使用先进的网络抓取技术检索票价数据。
- 解析文档对象模型以提取价格。
- 使用聚类技术识别异常票价。

- 使用 IFTTT 发送实时文本提醒。

3.1 获取机票价格数据

好在，机票价格数据比房地产数据更容易获得，所以不难找。免费的、付费的 API 数据源以及许多网站都提供这些数据。我测试了其中一些服务，但最后，只有一个提供的数据格式是可用的。这种格式使我们很容易提前几个月就能找到价格最低的航班。

在我告诉你是哪个服务之前，让我先向你展示一下典型的航班搜索界面，如图 3-1 所示。

图 3-1

对于我们的目标而言，这种类型的接口其问题在于——所有的 API 接口有相同的问题——我们需要对所感兴趣的全部日期、全部可能的行程长度、每个机场都执行查询。虽然这样做是可行的，但是做法太笨拙了，而且需要耗费大量的精力。

好在，有一个更好的方法。Google 提供了一个鲜为人知的工具，被称为航班查询器。此工具可让你查看在数月的时间内，从一个地区到另一个地区的最低票价。

图 3-2 是搜索从纽约到欧洲、行程为 8～12 天的例子。返回的城市按照价格来排序，从最低价到最高价。

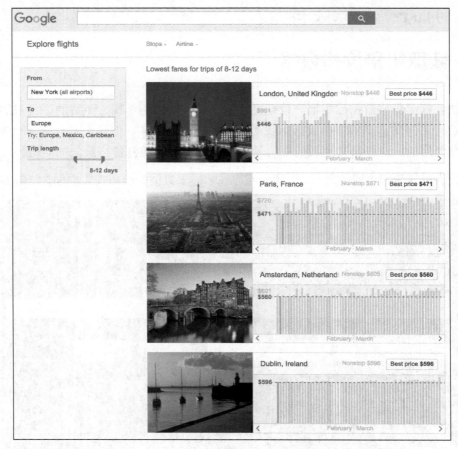

图 3-2

对于查找错误票价，这种格式是非常理想的，原因是返回的结果按照价格排序，覆盖整个区域，时间跨度有 60 天。这能确保异常的票价出现时，会自动跑到列表的顶部。

这是个好消息。坏消息是 Google 使代码拉取数据这件事情变得相当有挑战性。幸运的是，使用一些聪明的编码，我们仍然可以得到所需的数据。

3.2   使用高级的网络爬虫技术检索票价数据

我们已经在前面的章节中学习了如何使用 request 库来检索网页。正如我之前所说，它是一个了不起的工具，但不幸的是，这里无法工作。我们想要爬取的页面是完全基于 AJAX 的。异步 JavaScript（AJAX）这个方法从服务器获取数据，而不必重新加载整个页面。这意味着，需要使用浏览器来检索数据。虽然这个听起来好像需要大量的额外工作，不过有两个库，当一起使用它们的时候，这就会成为一个轻量级的任务。

这两个库是 Selenium 和 PhantomJS。Selenium 是一个强大的工具，它可以自动化 Web 浏览器，而 PhantomJS 是一个浏览器。为什么使用 PhantomJS 而不是 Firefox 或 Chrome 呢？PhantomJS 是所谓的无头浏览器，意思是它没有可视化的用户界面。这使得它非常精简，成为我们理想的选择。

要安装 PhantomJS，你可以从 `http://phantomjs.org/download.html` 下载可执行文件或者源码。至于 Selenium，它可以通过 pip 来安装。

我们还需要另一个名为 BeautifulSoup4 的库来解析页面中的数据。如果你还没有安装这个，也可以使用 pip 安装它。

完成这些安装之后，让我们开始动手吧。我们将在 Jupyter 记事本里工作。Jupyter 最适合探索性的分析。稍后，当探索完成之后，我们会继续在文本编辑器中工作。文本编辑器更适合编写我们想要部署为应用程序的代码。

首先，导入这些库。

```
import pandas as pd
import numpy as np

from selenium import webdriver
from selenium.webdriver.common.desired_capabilities import
DesiredCapabilities
from bs4 import BeautifulSoup

import matplotlib.pyplot as plt
%matplotlib inline
```

接下来，我们将设置代码以实例化浏览器对象。正是这个对象将为我们拉取页面。你可以在浏览器中搜索并复制 URL，以此来选择想要的机场或地区。在这里，我会查找从纽约机场到几个亚洲城市的行程。

```
url =
"https://www.google.com/flights/explore/#explore;f=JFK,EWR,LGA;t=
HND,NRT,TPE,HKG,KIX;s=1;li=8;lx=12;d=2016-04-01"

driver = webdriver.PhantomJS()
```

```
dcap = dict(DesiredCapabilities.PHANTOMJS)
dcap["phantomjs.page.settings.userAgent"] = ("Mozilla/5.0
(Macintosh; Intel Mac OS X 10_10_5) AppleWebKit/537.36 (KHTML, like
Gecko) Chrome/46.0.2490.80 Safari/537.36")

driver = webdriver.PhantomJS(desired_capabilities=dcap,
service_args=['--ignore- ssl-errors=true'])

driver.implicitly_wait(20)
driver.get(url)
```

我们需要向接收请求的服务器发送一个用户代理。你可以使用我在此列出的代理，或者如果你愿意，也可以将其替换为自己的代理。进入到解析阶段的时候，这点变得尤为重要。如果你在普通的浏览器中使用某代理来选择文档对象模型（DOM）元素，然后在代码中传递了另一个不同的代理，那么你解析页面的时候也许会碰到问题，因为 DOM 可能是与用户代理相关的。

你可以通过 Google 搜索“`what is my user agent?`”，来找到自己的用户代理。如果你计划将其用于其他的爬虫，请复制这个信息，然后在上述代码中使用它。

运行上述代码之后，你可以使用下面这行代码来保存页面的截图。请检查这个截图，以确保一切看起来正常。

```
driver.save_screenshot(r'flight_explorer.png')
```

如果一切都是按计划完成，你应该可以看到输出为 `True`，并且生成一个与所抓取页面相关的图像文件。在普通的 Web 浏览器中，它看起来就像原有的页面。

接下来，我们将继续解析页面以提取定价信息。

3.3　解析 DOM 以提取定价数据

DOM 是形成网页结构的元素集合。如果你曾经查看过网页的源代码，你就已经看到了 DOM 的各个模块。它们包括例如 `body`、`div`、`class` 和 `id` 这样的元素和标签。我们需要处理这些元素来提取所需的数据。

让我们来看看 Google 网页的 DOM。为了查看其内容，请在该页面上单击右键，并单击“检查元素”。对于 Firefox 或 Chrome 浏览器，这个操作应该是相同的。这将打开开发人员选项卡，允许你查看页面的源信息。打开之后，在左上角挑选元素选择器，并单击其中一个价格栏跳转到相应的元素。如图 3-3 所示。

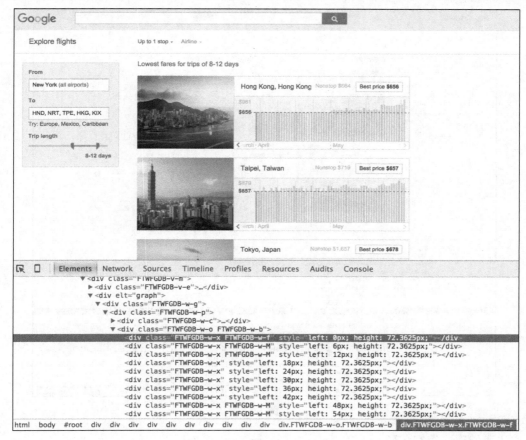

图 3-3

你注意到的第一件事情可能是，发现 div 标签中没有任何定价数据。如果将鼠标悬停在价格栏上，将出现一个显示费用的提示，但这一切都是使用 JavaScript 完成的，并不是 DOM。事实上，唯一可用的信息是价格栏的高度。那么，我们如何获得不在那里的数据呢？靠推断！

页面确实给了我们足够的线索来推断价格，那就是使用价格栏的高度。你会注意到，为每个城市所列出的是最好的票价。你可以在条形图的左手边看到它。此 div 提供了文本类型的价格，如图 3-4 所示的屏幕截图。

你还会注意到，每个城市都有一个条匹配了最低的票价。相比其他的条，这个条加入了更暗的阴影来突出显示。因为有一个独特的类来产生这种颜色，因此我们能够对它进行定位。一旦我们找到了它，就可以使用它的高度除以价格来确定每个像素所对应的价格。使用这种方法，推导出每个航班的价格就成为了一个简单的数学练习。

图 3-4

让我们现在编写代码。

第一步是将页面源文件提供给 BeautifulSoup。

```
s = BeautifulSoup(driver.page_source, "lxml")
```

然后我们可以获取所有最佳价格的列表。

```
best_price_tags = s.findAll('div', 'FTWFGDB-w-e')
best_prices = []
for tag in best_price_tags:
    best_prices.append(int(tag.text.replace('$','')))
```

由于拥有最便宜票价的城市上升到了最高的排名，我们可以直接使用它。

```
best_price = best_prices[0]
```

接下来，我们将得到包含每个条的高度的列表。

```
best_height_tags = s.findAll('div', 'FTWFGDB-w-f')
best_heights = []
```

```
for t in best_height_tags:
    best_heights.append(float(t.attrs['style']\
    .split('height:') [1].replace ('px;','')))
```

同样，我们只需要第一个。

```
best_height = best_heights[0]
```

然后我们可以计算每个高度像素所对应的价格。

```
pph = np.array(best_price)/np.array(best_height)
```

接下来，我们将检索每个城市所有航班的价格条的高度。

```
cities = s.findAll('div', 'FTWFGDB-w-o')

hlist=[]
for bar in cities[0]\
    .findAll('div', 'FTWFGDB-w-x'):
    hlist.append(float(bar['style']\
                        .split('height: ')[1]\
                        .replace('px;','')) *pph)
fares = pd.DataFrame(hlist, columns=['price'])
```

任务完成了，我们现在有一个数据框，包含了两个月内最便宜的票价。下面来看看。

```
fares.min()
```

上述代码生成图 3-5 的输出。

我们的最低票价应该与页面上看到的一样，而事实确实如此。现在再看看完整的列表，如图 3-6 所示。

```
price       656
dtype: float64
```

图 3-5

	价格
0	656.000000
1	656.000000
2	656.000000
3	656.000000
4	656.000000
5	656.000000
6	656.000000
7	656.000000
8	656.000000
9	656.000000

图 3-6

一切看起来不错。我们现在可以继续建立异常值检测了。

通过聚类技术识别异常的票价

机票全天都在不断地更新。如果我们试图确定远低于正常的票价，不使用机器学习的技术怎么行？这看上去似乎是相当简单，但是当你开始思考可用的选项时，它很快就变得比预期复杂得多。

一个选择是获得每个城市的价格并设置一个阈值，如果它们跌到比阈值还低的价格，你就发送一个提醒。这可能行得通，不过是将比目前最低价格少一定量的百分比设置为提醒的条件，还是将具体的美元金额设置为提醒条件？还有，如何设置它？如果由于季节性因素导致票价自然下降，又该怎么办呢？也许你可以检查每个价格条和中间值相比偏离了多少。如果价格接近平稳的时候，出现一个很小幅度的下降呢？也许你可以对比每个价格条与其相邻条的高度。如果错误票价出现在不止一天中，又会如何？正如你所见，这件任务不是看上去那么简单的。鉴于此，我们如何避免为每个城市存储定价数据、处理季节性因素，并试图设置阈值的烦恼呢？这里使用聚类算法。

有许多聚类算法可用，但是对于这里所处理的数据类型，我们将使用被称为基于密度的空间聚类算法（DBSCAN），它适合带有噪声数据的应用。这是一种非常有效的算法，倾向于使用和人类相同的方式来识别点的集群。图 3-7 是来自 scikit-learn 文档中的可视化图像。它演示了 DBSCAN 在不同数据分布范围内的有效性。

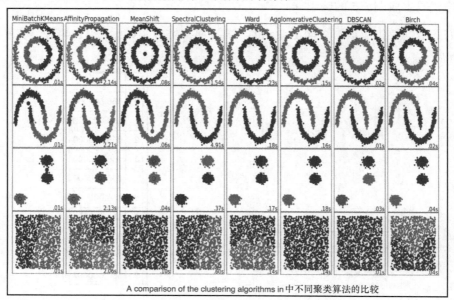

A comparison of the clustering algorithms in 中不同聚类算法的比较

图 3-7

你可以看到，它是相当强大的。让我们现在讨论一下算法的工作原理。

为了理解 DBSCAN 算法，首先我们需要讨论两个参数的设置，以使得算法能够运作。第一个参数称为 epsilon。此参数确定在同一聚类中两个点彼此之间的距离。如果 epsilon 设置得非常大，那么任何两个点则更可能聚集在一起。第二个参数称为最小点数。这是创建聚类所需点的最小数量（包括当前点）。如果最小的点数是 1，那么每个点都将成为一个聚类。如果最小点数大于 1，那么有可能某些点就不隶属于任何聚类。然后这些点就被认作噪声——也就是 DBSCAN 中的 N。

DBSCAN 算法是如下进行的。从所有点的集合中随机选择一个点。从这一个点出发，搜索所有方向上的和当前点相距 epsilon 距离的范围。如果在 epsilon 距离的范围内，存在等于或多于最小点数的点，那么这个范围内所有的点就隶属于一个聚集（图 3-7 中的彩色区域）。针对每个新加入该聚类的点，重复该过程。继续此操作，直到没有任何新的点可以添加到此聚类。此时，第一个聚类就完成了。现在，从已经完成的聚类之外，随机选择新的点再次开始。重复同样的过程，直到没有新的聚类可以形成。

我们已经了解了算法的工作原理，现在将其应用到机票的数据上。我们将首先创建一个简单的图像来检视票价。

```
fig, ax = plt.subplots(figsize=(10,6))
plt.scatter(np.arange(len(fares['price'])),fares['price'])
```

上述代码的输出如图 3-8 所示。

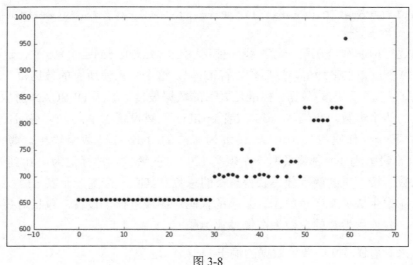

图 3-8

我们可以看到票价平稳了几个星期，然后开始急剧上升。大多数人可能将这些看作 4

个主要的聚类。现在编写代码来识别和显示这些集群。

首先，我们将设置一个 price 数据框，然后可以将 DBSCAN 对象传入其中。

```
px = [x for x in fares['price']]
ff = pd.DataFrame(px, columns=['fare']).reset_index()
```

然后，我们需要为聚类导入几个库。

```
from sklearn.cluster import DBSCAN
from sklearn.preprocessing import StandardScaler
```

最后，下面的代码将 DBSCAN 算法应用于票价数据并输出一个可视化图像。

```
X = StandardScaler().fit_transform(ff)
db = DBSCAN(eps=.5, min_samples=1).fit(X)

labels = db.labels_
clusters = len(set(labels))
unique_labels = set(labels)
colors = plt.cm.Spectral(np.linspace(0, 1, len(unique_labels)))
plt.subplots(figsize=(12,8))

for k, c in zip(unique_labels, colors):
    class_member_mask = (labels == k)
    xy = X[class_member_mask]
    plt.plot(xy[:, 0], xy[:, 1], 'o', markerfacecolor=c,
             markeredgecolor='k', markersize=14)

plt.title("Total Clusters: {}".format(clusters), fontsize=14,
          y=1.01)
```

让我们逐行地解释。在第一行，我们使用 StandardScaler() 方法，这个对象将获取数据，对每个点减去平均值，然后除以标准差[①]。这个步骤使所有的数据位于相同的基础之上，并为算法读取了这些数据。标准化之后的数据被传递给了 DBSCAN 对象。这里设置了前面讨论的两个参数。我们将 eps 或者 epsilon 距离设置为 0.5，并将 min_samples 设置为 1。下一行代码将 labels 设置为算法的 labels 数组输出。每个点（因为 min_points 设置为 1）都将关联一个聚类 ID。这些聚类将被标记为从 0 到 n-1，其中 n 是聚类的总数。接下来的两行代码获得聚类的总数及其唯一标签，而以 colors 开头的代码为我们的图像生成了有颜色的图。剩余的代码对图像进行了设置，包括对每个聚类应用唯一的颜色，并使用聚类的总数为图像设置标题。

让我们来看看图 3-9 中票价数据的输出。

---

① 译者注：这种标准化的方法称为 Z-Score。

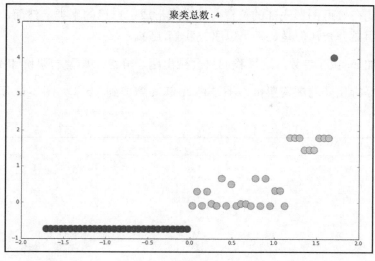

图 3-9

正如你所见，算法已经确定了四个不同的聚类，这正是我们所期望的。我刚刚告诉你该算法使用这些参数运作得有多好，而现在就准备修改参数了。为什么要破坏完美的结果？好吧，让我们来看看几个引入虚构票价的场景。

使用目前的票价系列和相同的参数，让我们再引入一个新的票价。

首先，将序列中的数据点#10 替换掉。我们将其从 656 美元更改为 600 美元，如图 3-10所示。

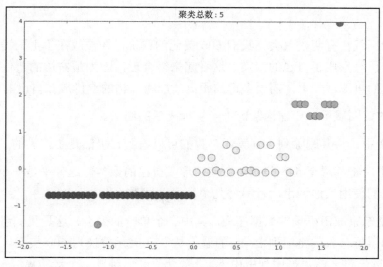

图 3-10

你会注意到在接近图形底部的位置，这个点形成了自己的聚类。然而，尽管这个票价与其他的价格明显分开，但是还不足以引起我们注意。

让我们增加 epsilon 参数，这样我们只会聚出两个分组：典型的票价和不正常的票价。

我们现在保持相同的虚构票价，不过将 epsilon 增加到 1.5，如图 3-11 所示。

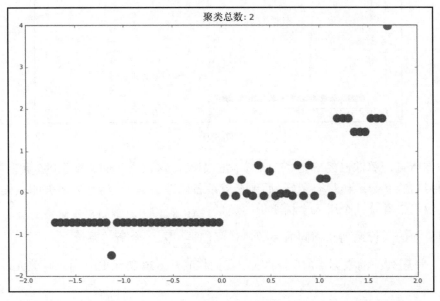

图 3-11

你可以看到现在有两个聚类。我们 600 美元的票价已经被放在了主聚类，而在图顶部最右侧的票价已经形成了自己的聚类。这看起来很合理，因为最右边的票价是一个明显的异常值。让我们再测试一下，需要多远的距离才能将虚构的票价放在自己的聚类里？

图 3-12 的截图展示了让虚构票价进一步远离后的结果。

在图 3-12 中，将其删除到 550 美元，我们可以看到它仍然是主聚类的一部分。

图 3-13 中，将其降至 545 美元，会使其形成自己的聚类。这似乎是一个合理的水平，不过现在让我们使用其他城市运行另外几个场景试试看。

图 3-14 是东京成田机场的数据序列。其中有个单一的聚类，这是我们所希望的。现在换一个虚构的票价。我们将序列中#45 的票价从 970 美元替换为 600 美元。这是一个大幅的下降——远远超过之前数据序列中由于 111 美元下跌而触发一个新的集群——但它显然在

通常的价格范围内，所以我们不想形成一个新的聚类。

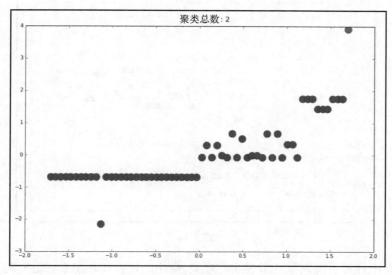

图 3-12

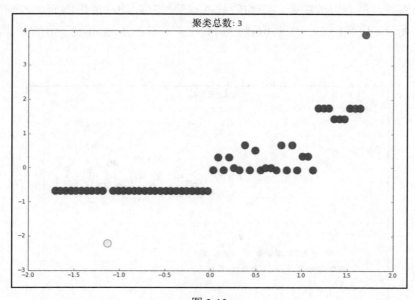

图 3-13

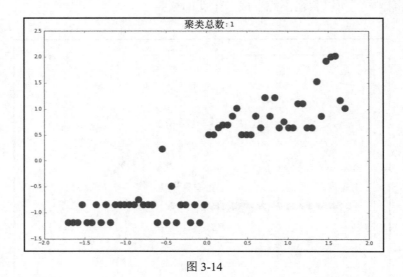

图 3-14

　　从图 3-15 中你可以看到没有形成新的聚类。虚构的票价和其左右邻近的两个票价之间有如此大的距离，为什么还会导致这种情况？这是因为我们正在处理整个序列，而不仅仅是每个点最近的邻居。最有可能的是，虚构的数据点受到其左边点的影响而加入到聚类。让我们再试一个场景。让我们将一个票价置换到右边——进一步远离左下角的聚类，如图 3-16 所示。

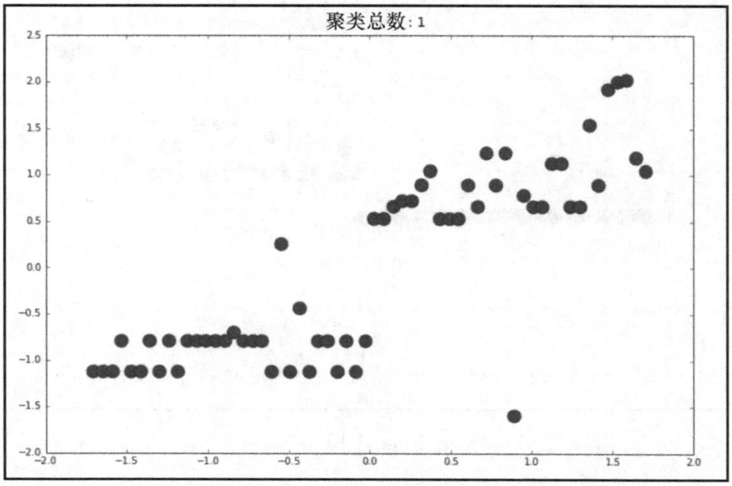

图 3-15

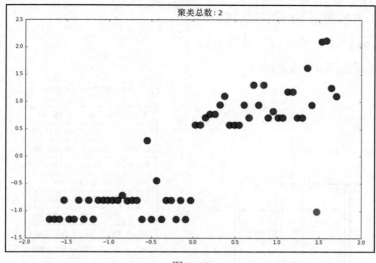

图 3-16

这里我们将#55 的票价从 1176 美元换成 700 美元。这会导致一个新的聚类。票价是在全系列票价的范围之内，但是现在它当然是一个异常点。然而，我们很可能不想被告知这种异常。

由于我们不希望在每次有多个集群时都被提醒，因此需要为希望被告知的场景设置规则。

首先，由于我们正在寻找错误的票价，因此期望它们等于所显示的最低价格。我们可以按照聚类来分组并检索最低的价格。

```
pf = pd.concat([ff, pd.DataFrame(db.labels_,
                                columns=['cluster'])], axis=1)
pf
```

上述代码生成图 3-17 的输出。

以下代码将按照聚类来分组并显示分组中最低的价格和成员的数量。

```
rf=pf.groupby('cluster')['fare'].agg(['min','count'])
rf
```

上述代码生成图 3-18 的输出。

这里我们还预计错误聚类将小于主聚类。我们对错误聚类的大小设置一个限制，要求它小于总数的百分之 10。在这种情况下，它将少于七个票价。这个数字将根据不同聚类的数量和大小而变化，但这应该是一个可行的数字。为了查看

	索引编号	票价	聚类
0	0	678.000000	0
1	1	678.000000	0
2	2	678.000000	0
3	3	732.648361	0
4	4	678.000000	0
5	5	678.000000	0
6	6	732.648361	0
7	7	678.000000	0
8	8	732.648361	0
9	9	678.000000	0

图 3-17

分位数的细节，可以使用下面这行代码。

```
rf.describe([.10,.25,.5,.75,.9])
```

上述代码生成图 3-19 的输出。

	最低价	数量
数量	2.000000	2.000000
平均价	689.000000	30.000000
标准差	15.556349	41.012193
最低价	678.000000	1.000000
10%	680.200000	6.800000
25%	683.500000	15.500000
50%	689.000000	30.000000
75%	694.500000	44.500000
90%	697.800000	53.200000
最高价	700.000000	59.000000

聚类	最低价	数量
0	678	59
1	700	1

图 3-18　　　　　　　　　　　　　　　　图 3-19

让我们再添加一个条件。为最低价集群和次低价集群之间设置一个最小距离。这样做将防止像在图 3-20 中看到的情况。

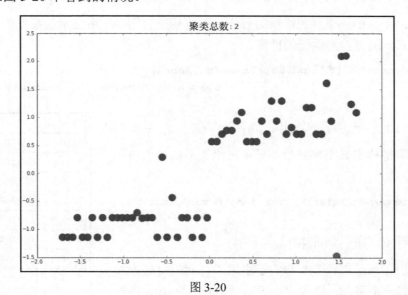

图 3-20

这里的费用是最低的，但它只是比其他聚类范围低那么一点点。设置最小距离将减少我们收到的误报。让我们先将最小距离设置为 100 美元。

现在我们有了自己的异常检测规则，下面来看看如何将全部的模块组合起来，完成实时票价提醒应用程序。

3.4　使用 IFTTT 发送实时提醒

为了有机会获得这些便宜的票价，当它们出现时我们需要几乎实时地知道这一情况。为了实现这一点，我们将使用一个名为 If This Then That 的服务（IFTTT）。这是一项免费服务，允许你使用一系列的触发器和动作，将大量的服务连接在一起。想要保存 Instagram 上你所喜欢的所有照片到 iPhone？一个特定的人每次发布 Tweet 时，你都想收到一个电子邮件？想要将你的 Facebook 更新发布到 Twitter？IFTTT 可以实现所有这一切，甚至更多。

如果要开始使用 IFTTT，步骤如下。

1. 在 `http://www.ifttt.com` 注册账户。

2. 在 `https://ifttt.com/maker` 注册 Maker 频道。

3. 在 `https://ifttt.com/sms` 注册 SMS 频道。

Maker 频道允许你发送和接收 HTTP 请求，而 SMS 频道允许你发送和接受 SMS 消息。

创建账户并激活两个频道之后，请单击主页上的 My Recepes，然后再单击 Create a Recipe，如图 3-21 所示。

图 3-21

然后搜索并选择 Maker 频道，如图 3-22 所示。

图 3-22

接下来，选择 Receive a web request，如图 3-23 所示。

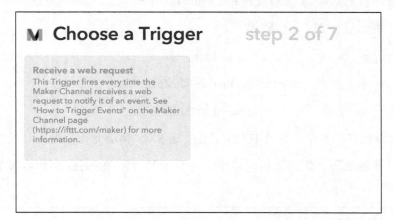

图 3-23

然后我们将创建一个名为 fare_alert 的事件，如图 3-24 所示。

图 3-24

接下来，我们将设置 that，如图 3-25 所示。

图 3-25

搜索 SMS 并选择它。然后选择 Send me an SMS，如图 3-26 所示。

图 3-26

之后，我们将填写 fare_alert 的字段。确保替换掉原文中的花括号①，如图 3-27 所示。

图 3-27

---

① 译者注：你即将看到的花括号是保留字，用于传递参数。

一旦完成，你就可以使用城市和机票价格自定义消息，如图 3-28 所示。

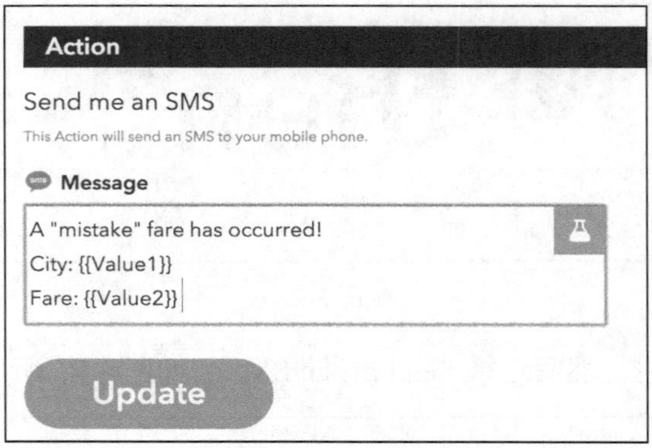

图 3-28

为了测试这里的设置是否奏效，请访问 http://www.ifttt.com/maker，单击 How to Trigger Events。然后填写 fare_alert 的事件，并将测试城市和票价放在 value1 和 value2 的框中，如图 3-29 所示。

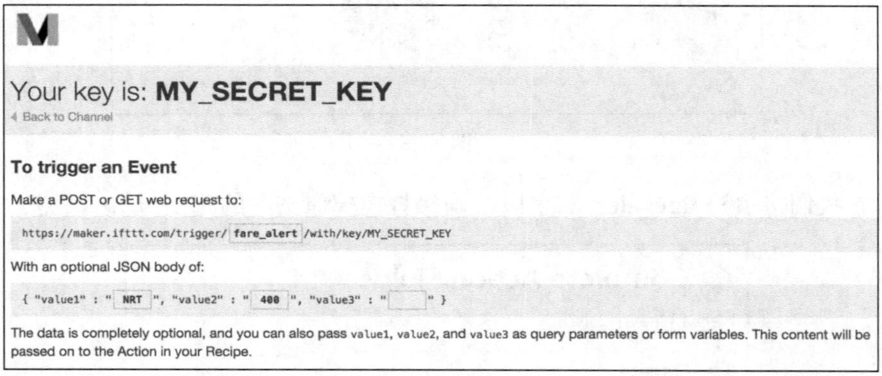

图 3-29

最后，单击 Test It，你应该会在短短几秒钟内收到一条短信。

现在，所有的模块都已经就绪，是时候将它们整合到单个脚本中，让其进行 24×7 小时的票价监控。

3.5　整合在一起

之前，我们都在 Jupyter 记事本里工作，但现在需要部署应用程序了，我们会切换到文本编辑器中工作。记事本对于探索性分析和可视化是很棒的，不过运行后台作业最好使用一个简单的.py 文件。所以让我们开始吧。

我们将从包的引入开始。如果你尚未安装这些包，可能需要通过 pip 安装它们。

```
import sys
import pandas as pd
import numpy as np

import requests

from selenium import webdriver
from selenium.webdriver.common.desired_capabilities import
DesiredCapabilities
from selenium.webdriver.common.by import By
from selenium.webdriver.support.ui import WebDriverWait
from selenium.webdriver.support import expected_conditions as EC

from bs4 import BeautifulSoup

from sklearn.cluster import DBSCAN
from sklearn.preprocessing import StandardScaler

import schedule
import time
```

接下来，我们将创建一个函数来拉取数据并运行聚类算法。请注意，当我们获取数据的时候，会存在一个明显的等待。这是因为页面有 AJAX 的异步请求，我们需要增加一个等待时间，以确保继续下一步之前页面的定价数据已经被返回。如果由于某种原因，抓取仍然失败，那么这里将发送一个文本作为提醒。

```
def check_flights():
    url = "https://www.google.com/flights/explore/#explore;f=JFK,
        EWR,LGA;t= HND,NRT,TPE,HKG,KIX;s=1;li=8;lx=12;d=2016-04-01"

    driver = webdriver.PhantomJS()

    dcap = dict(DesiredCapabilities.PHANTOMJS)
    dcap["phantomjs.page.settings.userAgent"] = \
        ("Mozilla/5.0 (Macintosh; Intel Mac OS X 10_10_5)
AppleWebKit/537.36 (KHTML, like Gecko) Chrome/46.0.2490.80 Safari/537.36")

    driver = webdriver.PhantomJS(desired_capabilities=dcap,
                                 service_args=['--ignore-
```

```
                                      ssl-errors= true'])
    driver.get(url)

    wait = WebDriverWait(driver, 20)
    wait.until(EC.visibility_of_element_located((By.CSS_SELECTOR,
    "span.FTWFGDB-v-c")))

    s = BeautifulSoup(driver.page_source, "lxml")

    best_price_tags = s.findAll('div', 'FTWFGDB-w-e')

    # 检查爬虫是否工作正常——如果失败了就发送提醒并关闭
    if len(best_price_tags) < 4:
        print('Failed to Load Page Data')
requests.post('https://maker.ifttt.com/trigger/fare_alert/with/key/MY_SECRE
T_KEY',data={"value1": "script", "value2": "failed",
"value3": ""})
        sys.exit(0)
else:
    print('Successfully Loaded Page Data')

best_prices = []
for tag in best_price_tags:
    best_prices.append(int(tag.text.replace('$', '')))

best_price = best_prices[0]

best_height_tags = s.findAll('div', 'FTWFGDB-w-f')
best_heights = []
for t in best_height_tags:
    best_heights.append(float(t.attrs['style']
                              .split('height:')[1].replace ('px;', '')))

best_height = best_heights[0]

# 每个高度像素对应的价格
pph = np.array(best_price)/np.array(best_height)

cities = s.findAll('div', 'FTWFGDB-w-o')

hlist = []
for bar in cities[0].findAll('div', 'FTWFGDB-w-x'):
    hlist.append(float(bar['style'].split('height: ')[1]
```

```
                                   .replace('px;', '')) * pph)

    fares = pd.DataFrame(hlist, columns=['price'])
    px = [x for x in fares['price']]
    ff = pd.DataFrame(px, columns=['fare']).reset_index()

    # 开始聚类
    X = StandardScaler().fit_transform(ff)
    db = DBSCAN(eps=1.5, min_samples=1).fit(X)

    labels = db.labels_
    clusters = len(set(labels))

    pf = pd.concat([ff, pd.DataFrame(db.labels_, columns= ['cluster'])],
axis=1)

    rf = pf.groupby('cluster')['fare']\
            .agg(['min', 'count']).sort_values('min', scending=True)
```

现在我们将检查规则是否被触发。如果是，就发送接收文本的请求。

```
    # 设置我们的规则
    # 必须有多于 1 个的聚类
    # 聚类的最小值必须等于最低的票价
    # 聚类的大小必须小于全部数量的百分之 10
    # 聚类必须比次低的价格聚类少 100 美元及以上
    if clusters > 1\
       and ff['fare'].min() == rf.iloc[0]['min']\
       and rf.iloc[0]['count'] < rf['count'].quantile(.10)\
       and rf.iloc[0]['fare'] + 100 < rf.iloc[1]['fare']:
         city = s.find('span', 'FTWFGDB-v-c').text
         fare = s.find('div', 'FTWFGDB-w-e').text
requests.post('https://maker.ifttt.com/trigger/fare_alert/with/key/MY_SECRE
T_KEY', data={"value1": city, "value2": fare, "value3": ""})
    else:
        print('no alert triggered')
```

最终，我们将设置一个调度器。它每 60 分钟运行一次这里的代码。

```
    # 设置调度器，每 60 分钟运行一次我们的代码
    schedule.every(60).minutes.do(check_flights)

    while 1:
        schedule.run_pending()
        time.sleep(1)
```

这样做应该就完工了。我们现在可以将其保存为 `fare_alerter.py`，并在命令行中运行它。它将持续运行并每 60 分钟检查一次票价。如果出现了错误的机票，我们将是第一个知道的！

 请注意，这是此类代码的最基本实现。为了创建一个合理的实现，应该使用良好的日志记录来代替这里列出的打印语句。有关如何实现日志记录的更多信息，请参见 `https:// docs.python.org/3.4/howto/logging.html#logging-basic-tutorial`。

3.6   小结

本章讨论了很多内容。我们学会了如何在 Web 上找到最好的机票数据，如何使用 DOM 来查找和解析 HTML 元素，如何将数据聚集为有意义的组，最后是如何通过 IFTTT 的 Web 请求，从代码发送文本提醒。虽然我们在这里讨论的是机票相关的内容，但是所做的工作几乎可以重用于任何你想关注的定价。

如果你决定对机票使用这个程序，我希望它能为你提供许多快乐的旅行！

下一章会讨论如何使用分类算法来帮助预测 IPO 的市场。

第 4 章
使用逻辑回归预测 IPO 市场

在 20 世纪 90 年代末，获得了对的 IPO（首次公开募股）就像赢得彩票一样。对于一些技术公司而言，第一天的回报是它们最初发行价格的很多倍。如果你幸运地得到了一个配额，那就会获得一笔意外之财。这里列出在那个时期，第一天表现最棒的几家公司。

- VA Linux 上涨 697%，12/09/1999。

- Globe.com 上涨 606%，11/13/1998。

- Foundry Networks 上涨 525%，9/28/1999。

虽然互联网疯狂的日子已经离我们远去，但 IPO 仍然可能在第一天给予超额的回报。以下是在过去几年，第一天交易涨幅超过 100%的几个。

- Seres Therapeutics 上涨 185%，06/26/2015。

- Audro Biotech 上涨 147%，4/15/2015。

- Shake Shack 上涨 118%，1/30/2015。

正如你所看到的，这仍然是一个值得关注的市场。在本章中，我们将仔细观察 IPO 市场。我们将看看如何使用机器学习来帮助自己决策，哪些 IPO 值得仔细研究，而哪些是可以忽略的。

我们将在本章中讨论以下主题。

- IPO 市场。

- 数据清洗和特征工程。

- 使用逻辑回归的二元分类。

- 模型评估。

- 特征的重要性。

4.1　IPO 市场

在我们开始建模之前,先讨论一下什么是 IPO(或首次公开募股),以及关于这个市场,研究的结果能告诉我们些什么。之后,我们将讨论一些可以应用的策略。

4.1.1　什么是 IPO

首次公开募股是一家私人公司成为上市公司的过程。公开发行为公司募集资金,并让公众通过购买其股票,获得投资该公司的机会。

虽然具体实施有些不同,但在典型的发行过程中,一家公司会列出一家或多家承销其发行的投资银行。这意味着那些银行向公司保证,在发行当天他们将购买所有以 IPO 价格提供的股份。当然,承销的银行不打算自己保留全部的股份。在发行公司的帮助下,他们去做所谓的路演,吸引机构客户的兴趣。这些客户可以预订股份,表示他们有意在 IPO 当天购买股票。这是一个非约束性合同,因为发行的价格直到 IPO 的当天才最终确定。然后,承销商将根据客户们所表达的感兴趣程度,设定发行的价格。

从我们的角度来看,非常有趣的地方在于:研究表明 IPO 一直被系统性地低估。有许多理论解释为什么会发生这种情况,以及为什么低估的范围会随着时间而变化,不过可以肯定的是,研究已经显示出每年有“数十亿美元留在桌子上”。

在 IPO 中,“留在桌子上的钱”是指股票的发行价和第一天收盘价之间的差价。

在我们继续之前,还应该谈一谈发行价和开盘价之间的区别。虽然偶然的情况下你可以通过经纪人的交易,以发行价获得 IPO,但作为一个普通的公众,你基本上不得不以开盘价(通常更高)来购买 IPO。我们将在这个假设下构建模型。

4.1.2　近期 IPO 市场表现

现在来看看 IPO 市场的表现。我们将从 IPOScoop.com 拉取数据。这是一项为即将到来的 IPO 提供评级的服务。请访问 https://www.iposcoop.com/scoop-track-record-from-2000-to-present/并单击页面底部的按钮,下载一个电子表格。我们将其加载到 pandas,并使用 Jupyter 记事本运行一些可视化。

首先，进行整个章节都需要的导入环节。然后，我们会像下面这样拉取数据。

```
import numpy as np
import pandas as pd
import matplotlib.pyplot as plt
from patsy import dmatrix
from sklearn.ensemble import RandomForestClassifier
from sklearn import linear_model
%matplotlib inline
ipos = pd.read_csv(r'/Users/alexcombs/Downloads/ipo_data.csv',
encoding='latin-1')
ipos
```

上述代码生成图 4-1 的输出。

	日期	发行者	代码	主承销/联席主承销	发行价	开盘价	首日收盘价	首日价格变化比例	开盘价和发行价相比的变化	收盘价和发行价相比的变化	评级	成交
0	2002-01-28	Synaptics	SYNA	Bear Stearns	$11.00	$13.11	$13.11	19.18%	$2.11	$2.11	2	NaN
1	2002-02-01	ZymoGenetics	ZGEN	Lehman Brothers/Merrill Lynch	$12.00	$12.01	$12.05	0.42%	$0.01	$0.05	1	NaN
2	2002-02-01	Carolina Group (Loews Corp.)	CG	Salomon Smith Barney/Morgan Stanley	$28.00	$30.05	$29.10	3.93%	$2.05	$1.10	3	NaN
3	2002-02-05	Sunoco Logistics Partners	SXL	Lehman Brothers	$20.25	$21.25	$22.10	9.14%	$1.00	$1.85	3	NaN
4	2002-02-07	ManTech International	MANT	Jefferies	$16.00	$17.10	$18.21	13.81%	$1.10	$2.21	3	NaN

图 4-1

这里我们可以看到，对于每个 IPO 都有一些不少的信息：发行日期、发行者、发行价格、开盘价格以及价格的变化。让我们先按照年份来探索表现的数据。

我们首先需要进行一些清理工作，以正确地格式化所有的列。这里将去掉美元和百分比符号。

```
ipos = ipos.applymap(lambda x: x if not '$' in str(x) else
x.replace('$',''))
ipos = ipos.applymap(lambda x: x if not '%' in str(x) else
x.replace('%',''))
ipos
```

上述代码生成图 4-2 的输出。

	日期	发行者	代码	主承销/联席主承销	发行价	开盘价	首日收盘价	首日价格变化比例	开盘价和发行价相比的变化	收盘价和发行价相比的变化	评级	成交
0	2002-01-28	Synaptics	SYNA	Bear Stearns	11.00	13.11	13.11	19.18	2.11	2.11	2	NaN
1	2002-02-01	ZymoGenetics	ZGEN	Lehman Brothers/Merrill Lynch	12.00	12.01	12.05	0.42	0.01	0.05	1	NaN
2	2002-02-01	Carolina Group (Loews Corp.)	CG	Salomon Smith Barney/Morgan Stanley	28.00	30.05	29.10	3.93	2.05	1.10	3	NaN
3	2002-02-05	Sunoco Logistics Partners	SXL	Lehman Brothers	20.25	21.25	22.10	9.14	1.00	1.85	3	NaN
4	2002-02-07	ManTech International	MANT	Jefferies	16.00	17.10	18.21	13.81	1.10	2.21	3	NaN

图 4-2

接下来，我们将修正所有列的数据类型。目前它们都是对象，但是对于即将执行的聚合和其他操作而言，我们需要数值类型。使用下面这行代码来查看列的数据类型。

```
ipos.info()
```

上述代码生成图 4-3 的输出。

```
<class 'pandas.core.frame.DataFrame'>
Int64Index: 2335 entries, 0 to 2334
Data columns (total 12 columns):
Date                        2335 non-null object
Issuer                      2335 non-null object
Symbol                      2335 non-null object
Lead/Joint-Lead Mangager    2335 non-null object
Offer Price                 2335 non-null object
Opening Price               2335 non-null object
1st Day Close               2335 non-null object
1st Day % Px Chng           2335 non-null object
$ Chg Opening               2335 non-null object
$ Chg Close                 2335 non-null object
Star Ratings                2335 non-null object
Performed                    259 non-null object
dtypes: object(12)
memory usage: 237.1+ KB
```

图 4-3

在我们的数据中有一些 'N/C' 的值，首先需要将其替换。之后就可以更改数据类型了。

```
ipos.replace('N/C',0, inplace=True)
ipos['Date'] = pd.to_datetime(ipos['Date'])
ipos['Offer Price'] = ipos['Offer Price'].astype('float')
ipos['Opening Price'] = ipos['Opening Price'].astype('float')
ipos['1st Day Close'] = ipos['1st Day Close'].astype('float')
ipos['1st Day % Px Chng '] = ipos['1st Day % Px Chng '].astype('float')
ipos['$ Chg Close'] = ipos['$ Chg Close'].astype('float')
ipos['$ Chg Opening'] = ipos['$ Chg Opening'].astype('float')
ipos['Star Ratings'] = ipos['Star Ratings'].astype('int')
```

请注意，这会抛出一个错误，如图 4-4 所示。

```
pandas/tslib.pyx in pandas.tslib.array_to_datetime (pandas/tslib.c:37155)()

pandas/tslib.pyx in pandas.tslib.array_to_datetime (pandas/tslib.c:35996)()

pandas/tslib.pyx in pandas.tslib.array_to_datetime (pandas/tslib.c:35724)()

pandas/tslib.pyx in pandas.tslib.array_to_datetime (pandas/tslib.c:35602)()

pandas/tslib.pyx in pandas.tslib.convert_to_tsobject (pandas/tslib.c:23563)()

pandas/tslib.pyx in pandas.tslib._check_dts_bounds (pandas/tslib.c:26809)()

OutOfBoundsDatetime: Out of bounds nanosecond timestamp: 120-11-01 00:00:00
```

图 4-4

这意味着我们的日期中有一个格式是不正确的。基于上述的堆栈跟踪信息发现问题，然后修复它。

```
ipos[ipos['Date']=='11/120']
```

发现这个错误后，我们将观察图 4-5 的输出。

	日期	发行者	代码	主承销/联席主承销	发行价	开盘价	首日收盘价	首日价格变化比例	开盘价和发行价相比的变化	收盘价和发行价相比的变化	评级	成交
1660	11/120	Alon USA Partners, LP	ALDW	Goldman, Sachs/ Credit Suisse/ Citigroup	16	17	18.4	15	1	2.4	1	NaN

图 4-5

正确的日期应该是 11/20/2012，因此我们将对其设置正确的值并重新运行前面的数据类型修订。之后，一切都可以顺利进行。

```
ipos.loc[1660, 'Date'] = '2012-11-20'

ipos['Date'] = pd.to_datetime(ipos['Date'])
ipos['Offer Price'] = ipos['Offer Price'].astype('float')
ipos['Opening Price'] = ipos['Opening Price'].astype('float')
ipos['1st Day Close'] = ipos['1st Day Close'].astype('float')
ipos['1st Day % Px Chng '] = ipos['1st Day % Px Chng']
.astype('float')
ipos['$ Chg Close'] = ipos['$ Chg Close'].astype('float')
ipos['$ Chg Opening'] = ipos['$ Chg Opening'].astype('float')
ipos['Star Ratings'] = ipos['Star Ratings'].astype('int')

ipos.info()
```

上述代码生成图 4-6 的输出。

```
<class 'pandas.core.frame.DataFrame'>
Int64Index: 2335 entries, 0 to 2334
Data columns (total 12 columns):
Date                     2335 non-null datetime64[ns]
Issuer                   2335 non-null object
Symbol                   2335 non-null object
Lead/Joint-Lead Mangager 2335 non-null object
Offer Price              2335 non-null float64
Opening Price            2335 non-null float64
1st Day Close            2335 non-null float64
1st Day % Px Chng        2335 non-null float64
$ Chg Opening            2335 non-null float64
$ Chg Close              2335 non-null float64
Star Ratings             2335 non-null int64
Performed                259 non-null object
dtypes: datetime64[ns](1), float64(6), int64(1), object(4)
memory usage: 237.1+ KB
```

图 4-6

现在，终于可以开始我们的探索了。这里从第一天的平均收益百分比开始。

```
ipos.groupby(ipos['Date'].dt.year)['1st Day % Px Chng ']\
.mean().plot(kind= 'bar', figsize=(15,10), color='k', title='1st Day Mean
IPO Percentage Change')
```

上述代码生成图 4-7 的输出。

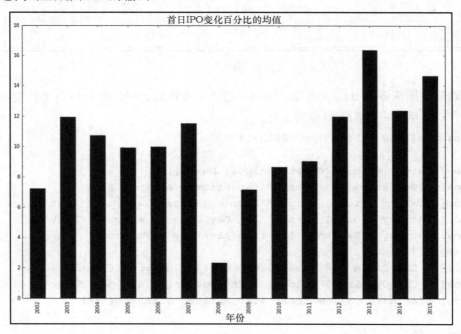

图 4-7

这里都是近年来一些正向的百分比。让我们现在来看看与平均值相比较，中位数的表现又是如何。

```
ipos.groupby(ipos['Date'].dt.year)['1st Day % Px Chng ']\
.median().plot(kind='bar', figsize=(15,10), color='k', title='1st Day
Median IPO Percentage Change')
```

上述代码生成图 4-8 的输出。

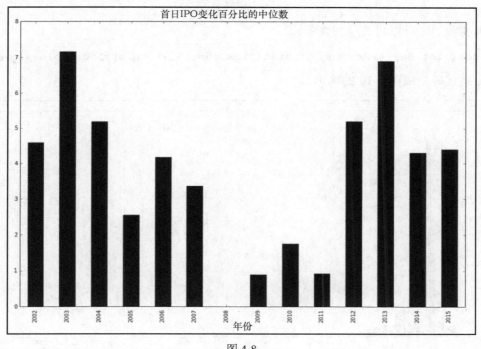

图 4-8

通过平均值和中位数的对比，我们可以清楚地看到，一些较大的异常值造成了回报分布的偏斜。让我们来仔细观察一下。

```
ipos['1st Day % Px Chng '].describe()
```

上述代码生成图 4-9 的输出。

```
count       2335.000000
mean          11.152599
std           22.924024
min          -35.220000
25%            0.000000
50%            3.750000
75%           16.715000
max          353.850000
Name: 1st Day % Px Chng , dtype: float64
```

图 4-9

现在我们还可以将其绘制成图。

```
ipos['1st Day % Px Chng '].hist(figsize=(15,7), bins=100, color='grey')
```

上述代码生成图 4-10 的输出。

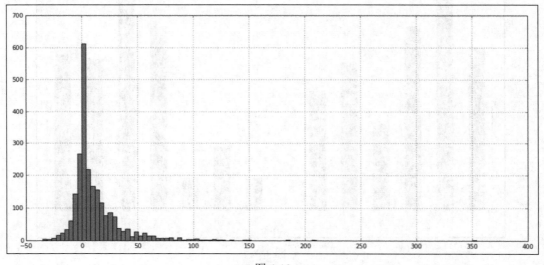

图 4-10

从图 4-10，我们可以看到大多数回报集中在零附近，但有个长尾一直拖到右侧，那里有一些真正的全垒打①发行价。

我们已经看过第一天的百分比变化，就是从发行价到当天收盘价的差距，但正如我前面所指出的，很少有机会能够以发行价买入。既然如此，现在让我们来看看开盘价到收盘价的收益率。它有助于我们理解这个问题：所有的收益都是给了那些拿到发行价的人，还是说在第一天人们仍然有机会冲入并获得超高的回报？

———————————

① 译者注：这里形容非常成功的发行。

为了回答这个问题，我们首先创建两个新的列。

```
ipos['$ Chg Open to Close'] = ipos['$ Chg Close'] - ipos['$ Chg Opening']
ipos['% Chg Open to Close'] = (ipos['$ Chg Open to Close']/ipos['Opening
Price']) * 100
```

上面的代码生成图 4-11 的输出。

	日期	发行者	代码	主承销/联席主承销	发行价	开盘价	首日收盘价	首日价格变化比例	开盘价和发行价相比的变化	收盘价和发行价相比的变化	评级	成交	收盘价和开盘价相比的变化	收盘价和开盘价相比变化的比例
0	2002-01-28	Synaptics	SYNA	Bear Stearns	11.00	13.11	13.11	19.18	2.11	2.11	2	NaN	0.00	0.000000
1	2002-02-01	ZymoGenetics	ZGEN	Lehman Brothers/Merrill Lynch	12.00	12.01	12.05	0.42	0.01	0.05	1	NaN	0.04	0.333056
2	2002-02-01	Carolina Group (Loews Corp.)	CG	Salomon Smith Barney/Morgan Stanley	28.00	30.05	29.10	3.93	2.05	1.10	3	NaN	-0.95	-3.161398
		Sunoco												

图 4-11

接下来，我们将生成统计信息。

```
ipos['% Chg Open to Close'].describe()
```

上面的代码生成图 4-12 的输出。

```
count    2335.000000
mean        0.816079
std         9.401379
min       -98.522167
25%        -2.817541
50%         0.000000
75%         3.691830
max       113.333333
Name: % Chg Open to Close, dtype: float64
```

图 4-12

即刻，这些数据看起来就令人怀疑了。虽然首次公开募股有可能在开盘后下跌，但是跌幅几乎达到 99%，似乎是不太现实的。经过一番调查，我们发现好像两个表现最差的发行者实际上是不好的数据点。当处理现实世界的数据时，往往情况就是如此，所以我们将更正这些并重新生成数据。

```
ipos.loc[440, '$ Chg Opening'] = .09
ipos.loc[1264, '$ Chg Opening'] = .01
ipos.loc[1264, 'Opening Price'] = 11.26

ipos['$ Chg Open to Close'] = ipos['$ Chg Close'] - ipos['$ Chg Opening']
```

```
ipos['% Chg Open to Close'] = (ipos['$ Chg Open to Close']/ipos['Opening
Price']) * 100
```

```
ipos['% Chg Open to Close'].describe()
```

上述代码生成图 4-13 的输出。

```
count     2335.000000
mean         0.880407
std          9.114790
min        -40.383333
25%         -2.800000
50%          0.000000
75%          3.691830
max        113.333333
Name: % Chg Open to Close, dtype: float64
```

图 4-13

这次损失下降到 40%，看起来仍然让人觉得怀疑，不过仔细观察之后，发现它是 Zillow 的 IPO。Zillow 开盘炒得异常火热，但在收盘前很快就跌到了地板上。这告诉我们，坏数据点似乎已经被清理完毕了。

现在将继续前进，希望我们已清除了大部分的错误。

```
ipos['% Chg Open to Close'].hist(figsize=(15,7), bins=100, color='grey')
```

上述代码生成图 4-14 的输出。

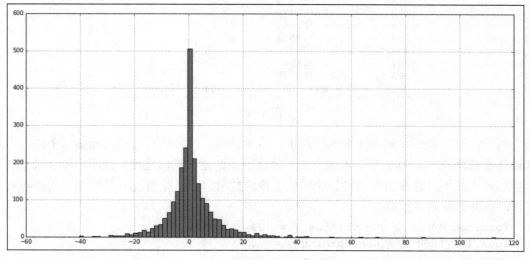

图 4-14

最后，我们可以看到开盘价到收盘价变化的分布形状，和发行价到收盘价变化的分布相比，有着明显的差异。平均值和中位值都有显著的下降，而且紧贴着原点右侧的条形看上去有一个健康的梯度，而原点左侧的条形似乎也按照比例进行了增长[①]。注意，右边的长尾没有之前那么明显了，但仍然是值得注意的，所以还有一丝希望。

4.1.3　基本的 IPO 策略

现在我们对市场有了一些感觉，这里来探讨几项策略。如果我们以其开盘价购买每个 IPO 股票，然后在收盘时卖出，那么最终收益如何？我们看一下 2015 年迄今的数据。

```
ipos[ipos['Date']>='2015-01-01']['$ Chg Open to Close'].describe()
```

上述代码生成图 4-15 的输出。

```
count    147.000000
mean       0.659105
std       11.334366
min      -28.729963
25%       -3.735019
50%        0.000000
75%        3.706447
max       63.903061
Name: % Chg Open to Close, dtype: float64
```

图 4-15

```
ipos[ipos['Date']>='2015-01-01']['$ Chg Open to Close'].sum()
```

上述代码生成图 4-16 的输出。

```
33.739999999999995
```

图 4-16

让我们拆分一下盈利的交易和亏损的交易。

```
ipos[(ipos['Date']>='2015-01-01')&(ipos['$ Chg Open to Close']>0)]['$ Chg
Open to Close'].describe()
```

上述代码生成图 4-17 的输出[②]。

```
count    73.000000
mean      1.574795
std       3.020735
min       0.010000
25%       0.200000
50%       0.670000
75%       1.340000
max      20.040000
Name: $ Chg Open to Close, dtype: float64
```

图 4-17

---

① 译者注：之所以作者认为这样的分布更健康，是因为它更符合常见的正态分布假设。

② 译者注：该图中的 max 和图 4-15 中的 max 应该一致，应该是笔误。

```
ipos[(ipos['Date']>='2015-01-01')&(ipos['$ Chg Open to Close']<0)]['$ Chg
Open to Close'].describe()
```

上述代码生成图 4-18 的输出[①]。

```
count    65.000000
mean     -1.249538
std       1.381957
min      -6.160000
25%      -1.580000
50%      -0.820000
75%      -0.220000
max      -0.010000
Name: $ Chg Open to Close, dtype: float64
```

图 4-18

所以，我们可以看到，如果 2015 年投资每一个 IPO，我们将会忙于投资 147 家 IPO，大约一半使我们挣钱，而另一半使我们损失了钱。整体上还是有利润的，因为盈利 IPO 的收益最终弥补了损失的钱。当然，这里假设没有交易差额或佣金成本，在现实世界中这些都是不可避免的。然而，这显然不是发家致富的法宝，因为平均回报率低于 1%。

 交易差额是指对于目标股票，你尝试买入或卖出的价格和订单实际执行价格之间的差异。

让我们看看是否可以使用机器学习来帮助改善这个最基本的方法。一个合理的策略似乎是瞄准图 4-14 中那长长的右尾，所以我们将聚焦于此。

4.2 特征工程

在交易开始后，什么会影响股票的表现？最近整体市场的表现，或者是承销商的威望都可能会影响它。也许交易日的星期几或月份很重要。在模型中考虑和囊括这些因素被称为特征工程，而且特征的建模几乎和用于构建模型的数据一样重要。如果你的特征没有信息含量，那么模型根本不会有价值。

让我们开始这个过程，添加一些我们觉得可能会影响 IPO 表现的特征。

先从获取标普 500 指数的数据开始。这可能是普通美国市场最好的代表。我们可以从 Yahoo! Finance 下载，网址是 https://finance.yahoo.com/q/hp?s=%5EGSPC&a=00&b=1&c=2000&d=11&e=17&f=2015&g=d。然后，我们可以使用 pandas 导入数据。

[①] 译者注：该图中的 min 和图 4-15 中的 min 应该一致，可能是笔误。

```
sp = pd.read_csv(r'/Users/alexcombs/Downloads/spy.csv')
sp.sort_values('Date', inplace=True)
sp.reset_index(drop=True, inplace=True)
sp
```

上述代码生成图 4-19 的输出。

	日期	开盘	最高	最低	收盘	成交量	调整收盘价
0	2000-01-03	1469.250000	1478.000000	1438.359985	1455.219971	931800000	1455.219971
1	2000-01-04	1455.219971	1455.219971	1397.430054	1399.420044	1009000000	1399.420044
2	2000-01-05	1399.420044	1413.270020	1377.680054	1402.109985	1085500000	1402.109985
3	2000-01-06	1402.109985	1411.900024	1392.099976	1403.449951	1092300000	1403.449951
4	2000-01-07	1403.449951	1441.469971	1400.729980	1441.469971	1225200000	1441.469971
5	2000-01-10	1441.469971	1464.359985	1441.469971	1457.599976	1064800000	1457.599976
6	2000-01-11	1457.599976	1458.660034	1434.420044	1438.560059	1014000000	1438.560059
7	2000-01-12	1438.560059	1442.599976	1427.079956	1432.250000	974600000	1432.250000
8	2000-01-13	1432.250000	1454.199951	1432.250000	1449.680054	1030400000	1449.680054
9	2000-01-14	1449.680054	1473.000000	1449.680054	1465.150024	1085900000	1465.150024

图 4-19

因为整体市场在过去一周的表现会在逻辑上影响某个股票，因此让我们将其添加到这里的 `DataFrame` 中。我们将计算标普 500 昨日收盘价相对于其七天前收盘价的变化百分比。

```
def get_week_chg(ipo_dt):
    try:
        day_ago_idx = sp[sp['Date']==str(ipo_dt.date())].index[0] - 1
        week_ago_idx = sp[sp['Date']==str(ipo_dt.date())].index[0] - 8
        chg = (sp.iloc[day_ago_idx]['Close'] - \
sp.iloc[week_ago_idx]['Close'])/(sp.iloc[week_ago_idx]['Close'])
        return chg * 100
    except:
        print('error', ipo_dt.date())

ipos['SP Week Change'] = ipos['Date'].map(get_week_chg)
```

上述代码生成图 4-20 的输出。

运行代码后，系统提示我们有几个日期对应的数据执行失败了，这表明 IPO 的日期可能存在一些错误。检查这些日期相关的 IPO 发现它们当天是关闭的状态。这里是纠正错误的一个示例和代码。

```
error 2009-08-01
error 2013-11-16
error 2015-02-21
error 2015-02-21
```

图 4-20

```
ipos[ipos['Date']=='2009-08-01']
```

上述代码生成图 4-21 的输出。

	日期	发行者	代码	主承销/联席主承销	发行价	开盘价	首日收盘价	首日价格变化比例	开盘价和发行价相比的变化	收盘价和发行价相比的变化	评级	成交	收盘价和开盘价相比的变化	收盘价和开盘价相比变化的比例	标普一周变化
1175	2009-08-01	Emdeon	EM	Morgan Stanley	15	17.5	16.52	10.13	2.5	1.52	3	NaN	-0.98	-5.6	NaN

图 4-21

EM 的实际 IPO 日期是 2009 年的 8 月 12 日,所以将其纠正,此外,经过一番研究,我们也发现了其他错误数据的真正发行日期并做了修正。

```
ipos.loc[1175, 'Date'] = pd.to_datetime('2009-08-12')
ipos.loc[1660, 'Date'] = pd.to_datetime('2012-11-20')
ipos.loc[2251, 'Date'] = pd.to_datetime('2015-05-21')
ipos.loc[2252, 'Date'] = pd.to_datetime('2015-05-21')
```

再次运行该函数,它将正确地添加所有发行股票的一周变化情况。

```
ipos['SP Week Change'] = ipos['Date'].map(get_week_chg)
```

现在,让我们添加一项新的指标,即标准普尔 500 指数在 IPO 前一天收盘时到 IPO 首日开盘时这个期间内,变化的百分比。

```
def get_cto_chg(ipo_dt):
    try:
        today_open_idx = sp[sp['Date']==str(ipo_dt.date())].index[0]
        yday_close_idx = sp[sp['Date']==str(ipo_dt.date())].index[0] - 1
        chg = (sp.iloc[today_open_idx]['Open'] - \
sp.iloc[yday_close_idx] ['Close'])/(sp.iloc[yday_close_idx]['Close'])
        return chg * 100
    except:
        print('error', ipo_dt)
ipos['SP Close to Open Chg Pct'] = ipos['Date'].map(get_cto_chg)
```

上述代码生成图 4-22 的输出。

代码	主承销/联席主承销	发行价	开盘价	首日收盘价	首日价格变化比例	开盘价和发行价相比的变化	收盘价和发行价相比的变化	评级	成交	收盘价和开盘价相比的变化	收盘价和开盘价相比变化的比例	标普一周变化百分比	标普一周变化百分比	标普在发行前一天收盘到次日开盘变化百分比
SYNA	Bear Stearns	11.00	13.11	13.11	19.18	2.11	2.11	2	NaN	0.00	0.000000	-1.126333	-1.126333	0.000000
ZGEN	Lehman Brothers/Merrill Lynch	12.00	12.01	12.05	0.42	0.01	0.05	1	NaN	0.04	0.333056	0.972911	0.972911	0.000000
CG	Salomon Smith Barney/Morgan Stanley	28.00	30.05	29.10	3.93	2.05	1.10	3	NaN	-0.95	-3.161398	0.972911	0.972911	0.000000
	Lehman													

图 4-22

现在，让我们来整理承销商的数据。这需要一些工作量。我们将执行一系列的步骤。首先，为主承销商添加一列。接下来，会对数据进行标准化。最后，我们将添加一列，表示参与承销商的总数。

首先，我们通过数据中字符串的拆分和空格的删除，解析出主承销商。

```
ipos['Lead Mgr'] = ipos['Lead/Joint-Lead Mangager'].map(lambda x:
x.split('/')[0])
ipos['Lead Mgr'] = ipos['Lead Mgr'].map(lambda x: x.strip())
```

接下来，打印出不同的主承销商，这样可以看出为了规范银行的名称，需要进行多少清理工作。

```
for n in pd.DataFrame(ipos['Lead Mgr'].unique(),
columns=['Name']).sort ('Name')['Name']:
    print(n)
```

上述代码生成图 4-23 的输出。

```
A.G. Edwards
A.G. Edwrads & Sons
AG Edwards
AG Edwards & Sons
AG Edwrads
Adams Harkness
Advest
Aegis Capital
Aegis Capital Corp
Aegis Capital Corp.
Anderson & Strudrick
Axiom Capital Management
BB&T Capital Markets
BMO Capital Markets
Baird
Baird, BMO Capital Markets, Janney Montgomery Scott
Banc of America
Banc of America Securities
Barclay Capital
Barclays
```

图 4-23

有两种方法可以做到这一点。第一种方法，毫无疑问是两个方法中更容易的那个，就是相信我们为你所做的工作，只是复制和粘贴下面的代码。另一种方法是执行大量迭代的字符串部分匹配，并且由你自己来纠正。强烈建议使用第一种选项。

```
ipos.loc[ipos['Lead Mgr'].str.contains('Hambrecht'),'Lead Mgr'] = 'WR
Hambrecht+Co.'
ipos.loc[ipos['Lead Mgr'].str.contains('Edwards'), 'Lead Mgr'] = 'AG
Edwards'
ipos.loc[ipos['Lead Mgr'].str.contains('Edwrads'), 'Lead Mgr'] = 'AG
```

```
Edwards'
ipos.loc[ipos['Lead Mgr'].str.contains('Barclay'), 'Lead Mgr'] = 'Barclays'
ipos.loc[ipos['Lead Mgr'].str.contains('Aegis'), 'Lead Mgr'] = 'Aegis
Capital'
ipos.loc[ipos['Lead Mgr'].str.contains('Deutsche'), 'Lead Mgr'] = 'Deutsche
Bank'
ipos.loc[ipos['Lead Mgr'].str.contains('Suisse'), 'Lead Mgr'] = 'CSFB'
ipos.loc[ipos['Lead Mgr'].str.contains('CS.?F'), 'Lead Mgr'] = 'CSFB'
ipos.loc[ipos['Lead Mgr'].str.contains('^Early'), 'Lead Mgr'] =
'EarlyBirdCapital'
ipos.loc[325,'Lead Mgr'] = 'Maximum Captial'
ipos.loc[ipos['Lead Mgr'].str.contains('Keefe'), 'Lead Mgr'] = 'Keefe,
Bruyette & Woods'
ipos.loc[ipos['Lead Mgr'].str.contains('Stan'), 'Lead Mgr'] = 'Morgan
Stanley'
ipos.loc[ipos['Lead Mgr'].str.contains('P. Morg'), 'Lead Mgr'] = 'JP Morgan'
ipos.loc[ipos['Lead Mgr'].str.contains('PM'), 'Lead Mgr'] = 'JP Morgan'
ipos.loc[ipos['Lead Mgr'].str.contains('J\.P\.'), 'Lead Mgr'] = 'JP Morgan'
ipos.loc[ipos['Lead Mgr'].str.contains('Banc of'), 'Lead Mgr'] = 'Banc of
America'
ipos.loc[ipos['Lead Mgr'].str.contains('Lych'), 'Lead Mgr'] = 'BofA Merrill
Lynch'
ipos.loc[ipos['Lead Mgr'].str.contains('Merrill$'), 'Lead Mgr'] = 'Merrill
Lynch'
ipos.loc[ipos['Lead Mgr'].str.contains('Lymch'), 'Lead Mgr'] = 'Merrill
Lynch'
ipos.loc[ipos['Lead Mgr'].str.contains('A Merril Lynch'), 'Lead Mgr'] =
'BofA Merrill Lynch'
ipos.loc[ipos['Lead Mgr'].str.contains('Merril '), 'Lead Mgr'] = 'Merrill
Lynch'
ipos.loc[ipos['Lead Mgr'].str.contains('BofA$'), 'Lead Mgr'] = 'BofA
Merrill Lynch'
ipos.loc[ipos['Lead Mgr'].str.contains('SANDLER'), 'Lead Mgr'] = 'Sandler
O'neil + Partners'
ipos.loc[ipos['Lead Mgr'].str.contains('Sandler'), 'Lead Mgr'] = 'Sandler
O'Neil + Partners'
ipos.loc[ipos['Lead Mgr'].str.contains('Renshaw'), 'Lead Mgr'] = 'Rodman &
Renshaw'
ipos.loc[ipos['Lead Mgr'].str.contains('Baird'), 'Lead Mgr'] = 'RW Baird'
ipos.loc[ipos['Lead Mgr'].str.contains('Cantor'), 'Lead Mgr'] = 'Cantor
Fitzgerald'
ipos.loc[ipos['Lead Mgr'].str.contains('Goldman'), 'Lead Mgr'] = 'Goldman
Sachs'
```

```
ipos.loc[ipos['Lead Mgr'].str.contains('Bear'), 'Lead Mgr'] = 'Bear
Stearns'
ipos.loc[ipos['Lead Mgr'].str.contains('BoA'), 'Lead Mgr'] = 'BofA Merrill
Lynch'
ipos.loc[ipos['Lead Mgr'].str.contains('Broadband'), 'Lead Mgr'] =
'Broadband Capital'
ipos.loc[ipos['Lead Mgr'].str.contains('Davidson'), 'Lead Mgr'] = 'DA
Davidson'
ipos.loc[ipos['Lead Mgr'].str.contains('Feltl'), 'Lead Mgr'] = 'Feltl & Co.'
ipos.loc[ipos['Lead Mgr'].str.contains('China'), 'Lead Mgr'] = 'China
International'
ipos.loc[ipos['Lead Mgr'].str.contains('Cit'), 'Lead Mgr'] = 'Citigroup'
ipos.loc[ipos['Lead Mgr'].str.contains('Ferris'), 'Lead Mgr'] = 'Ferris
Baker Watts'
ipos.loc[ipos['Lead Mgr'].str.contains('Friedman|Freidman|FBR'), 'Lead
Mgr'] = 'Friedman Billings Ramsey'
ipos.loc[ipos['Lead Mgr'].str.contains('^I-'), 'Lead Mgr'] = 'I-Bankers'
ipos.loc[ipos['Lead Mgr'].str.contains('Gunn'), 'Lead Mgr'] = 'Gunn Allen'
ipos.loc[ipos['Lead Mgr'].str.contains('Jeffer'), 'Lead Mgr'] = 'Jefferies'
ipos.loc[ipos['Lead Mgr'].str.contains('Oppen'), 'Lead Mgr'] =
'Oppenheimer'
ipos.loc[ipos['Lead Mgr'].str.contains('JMP'), 'Lead Mgr'] = 'JMP
Securities'
ipos.loc[ipos['Lead Mgr'].str.contains('Rice'), 'Lead Mgr'] = 'Johnson
Rice'
ipos.loc[ipos['Lead Mgr'].str.contains('Ladenburg'), 'Lead Mgr'] =
'Ladenburg Thalmann'
ipos.loc[ipos['Lead Mgr'].str.contains('Piper'), 'Lead Mgr'] = 'Piper
Jaffray'
ipos.loc[ipos['Lead Mgr'].str.contains('Pali'), 'Lead Mgr'] = 'Pali
Capital'
ipos.loc[ipos['Lead Mgr'].str.contains('Paulson'), 'Lead Mgr'] = 'Paulson
Investment Co.'
ipos.loc[ipos['Lead Mgr'].str.contains('Roth'), 'Lead Mgr'] = 'Roth
Capital'
ipos.loc[ipos['Lead Mgr'].str.contains('Stifel'), 'Lead Mgr'] = 'Stifel
Nicolaus'
ipos.loc[ipos['Lead Mgr'].str.contains('SunTrust'), 'Lead Mgr'] = 'SunTrust
Robinson'
ipos.loc[ipos['Lead Mgr'].str.contains('Wachovia'), 'Lead Mgr'] =
'Wachovia'
ipos.loc[ipos['Lead Mgr'].str.contains('Wedbush'), 'Lead Mgr'] = 'Wedbush
Morgan'
```

```
ipos.loc[ipos['Lead Mgr'].str.contains('Blair'), 'Lead Mgr'] = 'William
Blair'
ipos.loc[ipos['Lead Mgr'].str.contains('Wunderlich'), 'Lead Mgr'] =
'Wunderlich'
ipos.loc[ipos['Lead Mgr'].str.contains('Max'), 'Lead Mgr'] = 'Maxim Group'
ipos.loc[ipos['Lead Mgr'].str.contains('CIBC'), 'Lead Mgr'] = 'CIBC'
ipos.loc[ipos['Lead Mgr'].str.contains('CRT'), 'Lead Mgr'] = 'CRT Capital'
ipos.loc[ipos['Lead Mgr'].str.contains('HCF'),'Lead Mgr'] = 'HCFP Brenner'
ipos.loc[ipos['Lead Mgr'].str.contains('Cohen'), 'Lead Mgr'] = 'Cohen & Co.'
ipos.loc[ipos['Lead Mgr'].str.contains('Cowen'), 'Lead Mgr'] = 'Cowen & Co.'
ipos.loc[ipos['Lead Mgr'].str.contains('Leerink'), 'Lead Mgr'] = 'Leerink
Partners'
ipos.loc[ipos['Lead Mgr'].str.contains('Lynch\xca'), 'Lead Mgr'] = 'Merrill
Lynch'
```

此过程完成之后，你可以再次运行以下代码来查看更新后的列表。

```
for n in pd.DataFrame(ipos['Lead Mgr'].unique(),
columns=['Name']).sort_values ('Name')['Name']:
    print(n)
```

上述代码生成图 4-24 的输出。

```
AG Edwards
Adams Harkness
Advest
Aegis Capital
Anderson & Strudrick
Axiom Capital Management
BB&T Capital Markets
BMO Capital Markets
Banc of America
Barclays
Bear Stearns
BofA Merrill Lynch
Broadband Capital
Burnham Securities
C&Co
C.E. Unterberg, Towbin
CIBC
CRT Capital
CSFB
Canaccord Genuity
```

图 4-24

我们可以看到，列表现在是整齐划一的了。这点完成后，我们将增加承销商的数量。

```
ipos['Total Underwriters'] = ipos['Lead/Joint-Lead Mangager'].map(lambda x:
len(x.split('/')))
```

接下来，我们将添加几个日期相关的特征。这里加入星期几和月份。

```
ipos['Week Day'] = ipos['Date'].dt.dayofweek.map({0:'Mon', 1:'Tues',
2:'Wed',\
3:'Thurs', 4:'Fri', 5:'Sat', 6:'Sun'})
ipos['Month'] = ipos['Date'].map(lambda x: x.month)
ipos['Month'] = ipos['Month'].map({1:'Jan', 2:'Feb', 3:'Mar', 4:'Apr',
5:'May', 6:'Jun',7:'Jul',\
8:'Aug', 9:'Sep', 10:'Oct', 11:'Nov', 12:'Dec'})
ipos
```

上述代码生成图 4-25 的输出。

..	成交	收盘价和开盘价相比的变化	收盘价和开盘价相比变化的比例	标普一周变化	标普一周变化百分比	标普在发行前一天收盘到次日开盘变化百分比	主承销	承销商数量	星期几	月份
..	NaN	0.00	0.000000	-1.126333	-1.126333	0.000000	Bear Stearns	1	Mon	Jan
..	NaN	0.04	0.333056	0.972911	0.972911	0.000000	Lehman Brothers	2	Fri	Feb
..	NaN	-0.95	-3.161398	0.972911	0.972911	0.000000	Salomon Smith Barney	2	Fri	Feb

图 4-25

如果所有的事情都是按预期进行，我们的 DataFrame 应该看起来像图 4-25 那样。我们现在补充几个最终的特征，涉及发行价和开盘价之间的变化，以及发行价和收盘价之间的变化。

```
ipos['Gap Open Pct'] = (ipos['$ Chg Opening'].astype('float')/ipos['Opening
Price'].astype('float')) * 100
ipos['Open to Close Pct'] = (ipos['$ Chg Close'].astype('float') -\
ipos['$ Chg Opening'].astype('float'))/\
ipos['Opening Price'].astype('float') * 100
```

现在，特征准备就绪了。如果遇到我们认为有用的、可能会改善模型的数据，我们总是可以加入更多的特征。不过，在这里让我们以这些特征开始。

将这些特征提供给模型之前，我们需要考虑选择哪些特征。我们必须非常小心，不要在添加时特征时"泄露"了信息。这是一个常见的错误，当向模型提供信息的时候，所用的数据在当时其实是无法获得的，这时候就会发生信息"泄露"。例如，将收盘价添加到我们的模型将使结果完全无效。如果这样做，实际上我们是为模型提供了它试图预测的答案。

通常，泄露的错误比这个例子更微妙一些，但无论如何，我们需要注意这点。

我们将添加以下特征。

- 月份（Month）。

- 星期几（Week Day）。

- 主要承销商（Lead Mgr）。

- 承销商总数（Total Underwriters）。

- 发行价到开盘价的差距百分比（Gap Open Pct）。

- 发行价到开盘价的美元变化量（$ Chg Opening）。

- 发行价（Offer Price）。

- 开盘价（Opening Price）。

- 标准普尔指数从收盘到开盘的变化百分比（SP Close to Open Chg Pct）。

- 标准普尔指数前一周的变化（SP Week Change）。

完善模型所需的全部特征后，我们将其准备好以供模型使用。我们将使用 Patsy 库。如果需要，可以使用 pip 安装 Patsy。Patsy 以原始的形式获取数据，并将其转换为适用于统计模型构建的矩阵。

```
from patsy import dmatrix
X = dmatrix('Month + Q("Week Day") + Q("Total Underwriters") + Q("Gap Open
Pct") + Q("$ Chg Opening") +\
Q("Lead Mgr") + Q("Offer Price") + Q("Opening Price") +\
Q("SP Close to Open Chg Pct") + Q("SP Week Change")', data=ipos,
return_type='dataframe')
X
```

上述代码生成图 4-26 的输出。

我们可以看到 Patsy 已经将分类型数据重新配置为多列，而将连续的数据保存在单个列中。这种操作被称为虚构编码。在这种格式中，每个月都会得到属于自己的列。对于每个代理而言同样如此。例如，如果特定的 IPO 样例（某一行）在 May 这个月发行，那么它在 May 这个列的值就为 1，而该行所有其他月份的列值都为 0。对于分类型的特征，总是有 n-1 个特征列。被排除的列成为了基线，而其他的将和这个基线进行比较。

最后，Patsy 还添加了一个截距列。这是回归模型正常运行所需的第一个列。

.Jun]	Month[T.Mar]	Month[T.May]	Month[T.Nov]	...	Q("Lead Mgr")[T.WestPark Capital]	Q("Lead Mgr")[T.William Blair]	Q("Lead Mgr")[T.Wunderlich]	Q("Total Underwriters")	Q("Gap Open Pct")
0	0	0	0	...	0	0	0	1	16.094584
0	0	0	0	...	0	0	0	2	0.083264
0	0	0	0	...	0	0	0	2	6.821963
0	0	0	0	...	0	0	0	1	4.705882
0	0	0	0	...	0	0	0	1	6.432749
0	0	0	0	...	0	0	0	1	11.363636
0	0	0	0	...	0	0	0	1	7.692308
0	0	0	0	...	0	0	0	1	15.639105

图 4-26

这步完成后，我们将进入建模阶段。

4.3 二元分类

我们试图预测 IPO 是否值得购买，而不是尝试准确地预测第一天的总收益是多少。这里，我们应该指出这里所做的不是投资建议，其目的只是为了说明某个案例。请不要使用这个模型开始随意地进行 IPO 交易。后果会非常严重。现在，为了预测二进制的结果（即 1 或 0，是或否），我们将从称为逻辑回归（logistic regression）的模型开始。逻辑回归使用了逻辑函数。这是很理想的选择，因为逻辑回归有几个数学属性，使其易于使用，如图 4-27 所示。

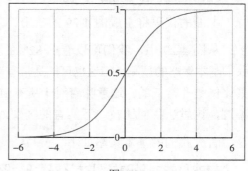

图 4-27

由于逻辑函数的形式，它特别适合于提供概率的估计，以及依据这些估计的二进制响应。任何大于 0.5 的被分类为 1，而任何低于 0.5 的被分类为 0。这些 1 和 0 可以对应任何我们想要分类的事物，不过在这个应用程序中，它将决定我们对于发行股，是买入（1）还是不买入（0）。

继续下一步，在我们的数据上使用这个模型。我们通过有点不同寻常的方式，将数据进行拆分。机器学习模型的标准做法是随机地决定哪些实例作为模型的训练数据，而哪些实例被用作测试数据。但是，由于这里的数据是基于时间的，因此我们将使用除今年（2015年）之外的所有数据进行训练。然后在 2015 年年初至今的数据上进行测试。

```
# 2188 是第一个 2015 年数据的索引号，数据是按照日期排序的
X_train, X_test = X[:2188], X[2188:]
y_train = ipos['$ Chg Open to Close'][:2188].map(lambda x: 1 if x >= 1 else 0)
y_test = ipos['$ Chg Open to Close'][2188:].map(lambda x: 1 if x >= 1 else 0)
```

使用上面的代码，我们将数据分成训练集和测试集。请注意我们主观地为正向结果设置了 1 美元的阈值。这是为了贯彻这个策略：瞄准长尾中的赢家，而不是任何收益大于 0 的收盘。

现在，我们将拟合该模型，方法如下所示。

```
clf = linear_model.LogisticRegression()
clf.fit(X_train, y_train)
```

上面的代码将生成图 4-28 的输出。

```
LogisticRegression(C=1.0, class_weight=None, dual=False, fit_intercept=True,
            intercept_scaling=1, max_iter=100, multi_class='ovr', n_jobs=1,
            penalty='l2', random_state=None, solver='liblinear', tol=0.0001,
            verbose=0, warm_start=False)
```

图 4-28

我们现在可以在预留的 2015 年数据上，评估模型的表现。

```
clf.score(X_test, y_test)
```

上面的代码将生成图 4-29 的输出。

从图 4-29 中，我们可以看出 82% 的预测是准确的。对于 2015 年而言，这当然是优于我们基本策略的预测，但这也可能是带有误导性的结果，因为实际上获益超过 1 美元的 IPO，其比例是非常低的。这意味着对于所有 IPO 都将其预测猜测为 0，也会给我们相同的结果，不过，这里让我们比较一下两者的区别。

首先我们的基本策略如下。

```
ipos[(ipos['Date']>='2015-01-01')]['$ Chg Open to Close'].describe()
```

上述代码生成图 4-30 的输出。

数量	147.000000
平均自	0.229524
标准差	2.686850
最小值	-6.160000
25%	-0.645000
50%	0.000000
75%	0.665000
最大值	20.040000

```
0.8231292517006803
```

图 4-29

图 4-30

接下来，我们将处理预测的结果。首先使用结果设置一个数据框，然后输出它们。

```
pred_label = clf.predict(X_test)
results=[]
for pl, tl, idx, chg in zip(pred_label, y_test, y_test.index,
ipos.ix[y_test.index]['$ Chg Open to Close']):
    if pl == tl:
        results.append([idx, chg, pl, tl, 1])
    else:
        results.append([idx, chg, pl, tl, 0])
rf = pd.DataFrame(results, columns=['index', '$ chg', 'predicted',
'actual', 'correct'])
rf
```

上述代码生成图 4-31 的输出。

```
rf[rf['predicted']==1]['$ chg'].describe()
```

上述代码生成图 4-32 的输出。

	索引号	变化的美元数量	预测值	实际值	预测是否正确
0	2188	0.01	0	0	1
1	2189	3.03	0	1	0
2	2190	-1.06	0	0	1
3	2191	-2.67	0	0	1
4	2192	2.74	0	1	0
5	2193	-4.05	0	0	1
6	2194	-1.10	0	0	1
7	2195	0.35	0	0	1
8	2196	-0.50	0	0	1
9	2197	-0.65	0	0	1

图 4-31

```
数量         6.000000
平均自       2.986667
标准差       8.512992
最小值      -2.800000
25%        -1.080000
50%        -0.015000
75%         1.605000
最大值      20.040000
Name: $ chg, dtype: float64
```

图 4-32

所以，总数从 147 次买入降到 6 次买入。我们的平均值从 0.23 美元上涨到 2.99 美元，但我们的中位数从 0 美元下降到 -0.02 美元。让我们看看回报的图表。

```
fig, ax = plt.subplots(figsize=(15,10))
rf[rf['predicted']==1]['$ chg'].plot(kind='bar')
ax.set_title('Model Predicted Buys', y=1.01)
ax.set_ylabel('$ Change Open to Close')
ax.set_xlabel('Index')
```

上述代码生成图 4-33 的输出。

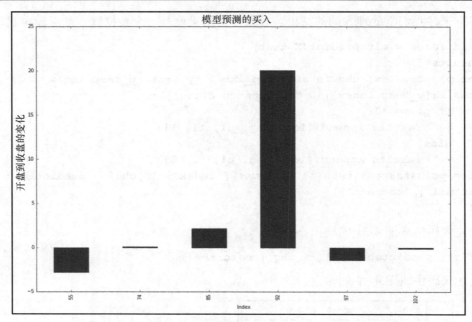

图 4-33

从图 4-33 来看，似乎我们赢得了年中一次很大的收益，以及几次较小的收益和损失。我们对模型的测试还不是很充分。我们可能只是非常幸运地抓住了这次胜利。还需要评估模型的鲁棒性。我们可以通过几个方面来实现这点，这里仅仅做两件事情。首先，我们将阈值从 1 美元降至 0.25 美元，看看模型怎么反应。

```
X_train, X_test = X[:2188], X[2188:]
y_train = ipos['$ Chg Open to Close'][:2188].map(lambda x: 1 if x >= .25 else 0)
y_test = ipos['$ Chg Open to Close'][2188:].map(lambda x: 1 if x >= .25 else 0)
clf = linear_model.LogisticRegression()
clf.fit(X_train, y_train)
clf.score(X_test, y_test)
```

上述代码生成图 4-34 的输出。

```
0.59863945578231292
```

图 4-34

现在我们来检查一下结果。

```
pred_label = clf.predict(X_test)
results=[]
for pl, tl, idx, chg in zip(pred_label, y_test, y_test.index,
ipos.ix[y_test.index]['$ Chg Open to Close']):
    if pl == tl:
        results.append([idx, chg, pl, tl, 1])
    else:
```

```
       results.append([idx, chg, pl, tl, 0])
rf = pd.DataFrame(results, columns=['index', '$ chg', 'predicted',
'actual', 'correct'])
rf[rf['predicted']==1]['$ chg'].describe()
```

上述代码生成图 4-35 的输出。

从结果来看，我们的准确率和平均值都下降了。但是，我们的统计数量从 6 上升到了 25，而且仍然远高于基础策略的结果。让我们再做一个测试。现在将 2014 年的数据从训练数据中删除，并将其加入测试数据中。

```
X_train, X_test = X[:1900], X[1900:]
y_train = ipos['$ Chg Open to Close'][:1900].map(lambda x: 1 if x >= .25 else 0)
y_test = ipos['$ Chg Open to Close'][1900:].map(lambda x: 1 if x >= .25 else 0)
clf = linear_model.LogisticRegression()
clf.fit(X_train, y_train)
clf.score(X_test, y_test)
```

上述代码生成图 4-36 的输出。

```
count     25.000000
mean       1.820800
std        5.520852
min       -6.160000
25%       -1.000000
50%        0.090000
75%        2.120000
max       20.040000
Name: $ chg, dtype: float64
```

图 4-35

```
0.62068965517241381
```

图 4-36

再次检查结果。

```
pred_label = clf.predict(X_test)
results=[]
for pl, tl, idx, chg in zip(pred_label, y_test, y_test.index,
ipos.ix[y_test.index]['$ Chg Open to Close']):
    if pl == tl:
        results.append([idx, chg, pl, tl, 1])
    else:
        results.append([idx, chg, pl, tl, 0])
rf = pd.DataFrame(results, columns=['index', '$ chg', 'predicted',
'actual', 'correct'])
rf[rf['predicted']==1]['$ chg'].describe()
```

上述代码生成图 4-37 的输出。

```
count     72.000000
mean       0.876944
std        4.643477
min       -6.960000
25%       -1.570000
50%       -0.150000
75%        2.320000
max       20.040000
Name: $ chg, dtype: float64
```

图 4-37

随着 2014 年的数据放入测试集合，我们可以看到虽然平均值有所下降，但模型的表现仍然要好于投资每一笔 IPO 的简单方法，具体如表 4-1 所示。

表 4-1

模型	交易次数	整体收益	每次交易的平均收益
2014-2015 niave	435	61	0.14
2014-2015 .25 LR	72	63.14	0.88
2015 naive	147	33.74	0.23
2015 .25 LR	25	45.52	1.82
2015 1 LR	6	25.2	4.2

现在让我们继续观察，模型中哪些特征是最重要的。

4.4 特征的重要性

哪些特征增加了一个发行股未来成功的概率？不幸的是，对于这个问题没有简单的答案。不过，我们将探讨两种方法，来评估这一点。由于我们建立模型时采用的是逻辑回归，所以可以观察每个特征参数的相关系数。请记住逻辑函数使用的是以下形式。

$$\ln(p/1\text{-}p) = B_0 + B_1 x$$

这里，p 表示正向结果的概率，B_0 是截距，B_1 是特征的系数。一旦我们拟合了模型，就可以检查这些系数。现在立即获取它们。

```
f fv = pd.DataFrame(X_train.columns, clf.coef_.T).reset_index()
fv.columns = ['Coef', 'Feature']
fv.sort_values('Coef', ascending=0).reset_index(drop=True)
```

上述代码生成图 4-38 的输出。

对于分类型的特征，特征系数上的正符号告诉我们当这个特征存在时，相对于基线而言它增加了正向结果的概率。对于连续性的特征，正号表示该特征值的增加，会导致正向结果的概率增加。系数的大小告诉我们概率增加的幅度。让我们来看看星期几这个特征。

```
fv[fv['Feature'].str.contains('Week Day')]
```

上述代码生成图 4-39 的输出。

	Coef	Feature
0	1.043891	Q("Lead Mgr")[T.C.E. Unterberg, Towbin]
1	1.022947	Q("Lead Mgr")[T.Morgan Keegan]
2	1.016990	Q("Lead Mgr")[T.Wachovia]
3	0.815448	Q("Lead Mgr")[T.China International]
4	0.684503	Q("Lead Mgr")[T.Merrill Lynch]
5	0.672572	Q("Lead Mgr")[T.Burnham Securities]
6	0.642754	Q("Lead Mgr")[T.Anderson & Strudrick]
7	0.627048	Q("Lead Mgr")[T.BMO Capital Markets]
8	0.595898	Q("Lead Mgr")[T.FIG Partners]
9	0.538498	Q("Lead Mgr")[T.Sanders Morris Harris]

图 4-38

	Coef	Feature
12	-0.132437	Q("Week Day")[T.Mon]
13	0.053885	Q("Week Day")[T.Thurs]
14	-0.062727	Q("Week Day")[T.Tues]
15	-0.039074	Q("Week Day")[T.Wed]

图 4-39

从图 4-38 中，我们可以看出没有星期五。这意味着星期五是所有其他同类特征用于比较的基线。我们也看到了根据这里的模型，周四增加了 IPO 成功的几率。

重要的是，系数并不代表相对于基线，概率实际增加了多少。为了得到这个值，我们必须取其指数。相对于周五，周四概率的增加为 e(0.053885) = 1.055。这意味着如果保持所有其他因素不变，周四出现一个成功 IPO 的可能性比星期五的高出 5.5%。我们也可以看到对于 IPO 而言，星期一是最糟糕的一天，e(-0.132437) = 0.876，也就是出现成功 IPO 的概率下降约 12.4%。

回到特征的重要性，你很可能认为，在这个时候可以拿出具有最大正系数的那些特征，将它们扔到模型里，然后你就会拥有主宰新股市场的一切了。别急着下结论。

让我们看看基于正系数大小的前两个特征。

```
ipos[ipos['Lead Mgr'].str.contains('Keegan|Towbin')]
```

上述代码生成图 4-40 的输出。

	日期	发行者	代码	主承销/联席主承销	发行价	开盘价	首日收盘价	首日价格变化比例	开盘价和发行价相比的变化	收盘价和发行价相比的变化	...	收盘价和开盘价相比的变化	收盘价和开盘价相比变化的比例	标普一周变化	标普在发行前一天收盘到次日开盘变化百分比
33	2002-05-21	Computer Programs and Systems	CPSI	Morgan Keegan/Raymond James	16.5	17.50	18.12	9.82	1.00	1.62	...	0.62	3.542857	2.480647	0.000000
518	2005-08-04	Advanced Life Sciences	ADLS	C.E. Unterberg, Towbin/ThinkEquity Partners	5.0	5.03	6.00	20.00	0.03	1.00	...	0.97	19.284294	1.777992	0.000000
884	2007-02-26	Rosetta Genomics	ROSG	C.E. Unterberg, Towbin	7.0	7.02	7.32	4.57	0.02	0.32	...	0.30	4.273504	0.363086	-0.010330
1467	2011-06-22	Fidus Investment	FDUS	Morgan Keegan	15.0	14.75	15.00	0.00	-0.25	0.00	...	0.25	1.694915	-3.693126	-0.003091

图 4-40

我们的前两个特征代表了四次 IPO 的总和。这就是为什么很难从逻辑回归模型提取信息，特别是这么复杂的模型。

然而，并不是没有任何希望了。我们可以利用另一种称为随机森林分类器的模型，来获得重要性的度量。本章不会深入说明这个模型是如何运作的，但它会给出和逻辑回归模型相似的结果，此外，它还将附带提供一个非常好的总结，告诉我们哪些特征对正向结果的影响最大。

使用与前面相同的训练和测试数据集，我们将拟合随机森林分类器。

```
clf_rf = RandomForestClassifier(n_estimators=1000)
clf_rf.fit(X_train, y_train)
f_importances = clf_rf.feature_importances_
f_names = X_train
f_std = np.std([tree.feature_importances_ for tree in clf_rf.estimators_],
axis=0)
zz = zip(f_importances, f_names, f_std)
zzs = sorted(zz, key=lambda x: x[0], reverse=True)
imps = [x[0] for x in zzs[:20]]
labels = [x[1] for x in zzs[:20]]
errs = [x[2] for x in zzs[:20]]
plt.subplots(figsize=(15,10))
plt.bar(range(20), imps, color="r", yerr=errs, align="center")
plt.xticks(range(20), labels, rotation=-70);
```

上述代码生成图 4-41 的输出。

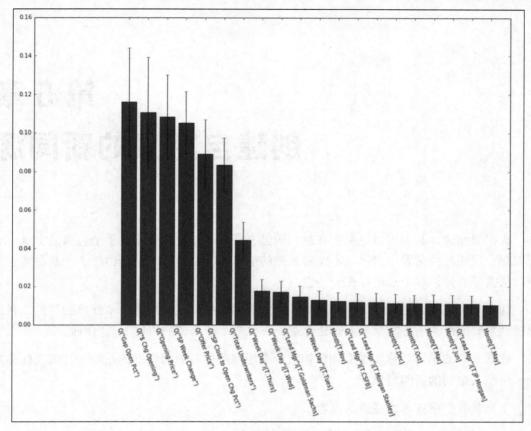

图 4-41

这里的输出向我们提供了一个包含每个特征误差条的排序列表，用于表明特征的重要性。观察这份列表，以"gap opening percentage"和"dollar change from opening"开头的排序看上去非常合理。

4.5 小结

本章我们已经讨论了很多方面的内容，但只是简单地了解了如何构建这类模型。希望你已经更好地理解了建模的过程，从清理数据，到进行特征工程，到测试数据。希望你可以使用这些信息自行扩展模型并加以改进。

在下一章中，我们将注意力转向另一个不同的领域，也就是从数值型数据切换到基于文本的数据。

第 5 章
创建自定义的新闻源

我很爱阅读。甚至可以说有些狂热。曾经有些日子，我仔细阅读了上百篇的文章。尽管如此，我还是经常发现自己读不完搜索到的信息。我总是怀疑自己错过了一些有趣的事情，从而导致知识库中永远存在一些空白！

如果你患有类似的症状，不要害怕，因为在本章中，我要揭露一个简单的窍门，帮助你找到想要阅读的所有文章，同时让你避免在大量不感兴趣的内容上浪费时间。

在这一章的结尾，你将学会如何构建一个能理解你对新闻喜好的系统，并每天向你发送一个私人定制的新闻通讯。

下列是我们将在本章涵盖的内容。

- 使用 Pocket 应用程序创建监督训练的集合。

- 利用 Pocket API 来获取故事。

- 使用 embed.ly API 来提取故事主体。

- 自然语言处理的基础。

- 支持向量机。

- IFTTT 与 RSS 源以及 Google 表单的集成。

- 建立每日的个性化新闻通讯。

5.1 使用 Pocket 应用程序，创建一个监督训练的集合

在我们可以创建自己对新闻稿的喜好模型之前，需要用于训练的数据。这些训练数据

将被输入到我们的模型中，以教导该模型区分我们感兴趣的和不感兴趣的文章。为了构建这个语料库，我们需要标注大量与这些兴趣相关的文章。对于每篇文章，我们将其标记为"y"或"n"。这将指示该文章是否应该出现在发送给我们的每日摘要中。

为了简化这个过程，我们将使用 Pocket 应用程序。Pocket 是一个允许你保存故事以供稍后阅读的应用程序。你只需安装浏览器扩展插件，然后当希望保存故事的时候，单击浏览器工具栏中的 Pocket 图标。这篇文章就被保存到了你的个人资料库。对于我们的目的而言，Pocket 一个强大的功能是它还能够保存你所选择的标签。我们将使用此功能，将感兴趣的文章标记为"y"，而不感兴趣的文章标记为"n"。

5.1.1　安装 Pocket 的 Chrome 扩展程序

我们在这里使用 Google Chrome，其他浏览器应该类似。对于 Chrome，进入 Google App Store，然后查找 Extensions 部分，如图 5-1 所示。

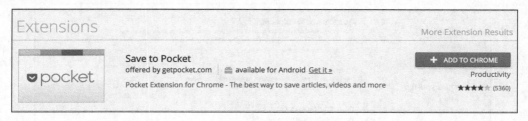

图 5-1

单击蓝色的 Add to Chrome 按钮。如果你已经有一个 Pocket 账户了，那么请登录，如果你还没有账户，请继续注册（免费）。一旦完成，你应该可以看到浏览器右上角的 Pocket 图标。图标将变灰，不过一旦有你想要保存的文章，就可以单击它。文章保存之后，它就会变成红色。

如图 5-2 所示，在右上角可以看到灰色的图标。当图标被单击时，它变为红色，表示文章已经被保存。

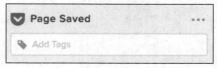

图 5-2

现在有趣的部分开始了！开始保存所有你看到的文章。对于有趣的那些打上"y"的标签，对于无趣的那些打上"n"的标签。这需要一点工作量。监督学习最终结果的好坏取决于你的训练集，所以你需要标记数百篇文章来获得好的效果。如果在保存某篇文章时你忘记给它打标签了，那么你可以去这个网站对其进行标记：http://www.get.pocket.com。

5.1.2 使用 Pocket API 来检索故事

现在你已经很勤奋地将文章都保存到了 Pocket，下一步是检索它们。为了实现这一点，我们将使用 Pocket API。你可以在 `https://getpocket.com/developer/apps/new` 注册一个新账户①。如图 5-3 所示，单击左上角的 Create New App 并填写详细信息以获取你的 API 密钥。请务必选择所有的权限，这样你才可以添加、更改和检索文章。

图 5-3

一旦填写完毕并提交，你将收到 CONSUMER KEY。你可以在左上角的 My Apps 下到它。看上去就如图 5-4 的截屏所示，不过显然你会得到一个真正的密钥。

---

① 译者注：这个账户是使用 API 的开发者账户，和之前保存文章的普通账户有所不同。

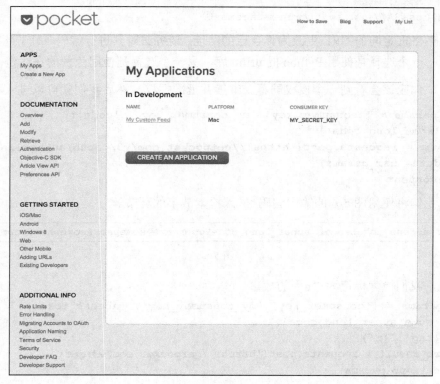

图 5-4

　　一旦设置完毕，你就可以进入到下一步，进行授权的设置。我们现在就开始。它要求你输入用户密钥和重定向的网址。重定向网址可以是任何链接。这里我使用自己的 Twitter账户。

```
import requests
auth_params = {'consumer_key': 'MY_CONSUMER_KEY', 'redirect_uri':
    'https://www.twitter.com/acombs'}
    tkn = requests.post('https://getpocket.com/v3/oauth/request',
    data=auth_params)
tkn.content
```

这将产生如图 5-5 的输出。

该输出将包含你下一步所需的编码[①]。将以下内容放在浏览器的地址栏中。

| b'code=some_long_code' |

图 5-5

```
https://getpocket.com/auth/authorize?request_token=some_long_code&redire
```

---

① 译者注：图 5-5 中 some_long_code 所代表的部分。

```
ct_uri=https%3A//www.twitter.com/acombs①
```

如果你将重定向的 URL 更改为你自己的网址，请务必对其进行编码。对于此有一些可用的资源。一个选择是使用 Python 的 urllib 库，另一个选择是使用免费的在线资源。

此时，你应该会看到一个授权屏幕。继续并批准授权，然后我们就可以进入下一步。

```
usr_params = {'consumer_key':'my_consumer_key', 'code':
    'some_long_code'}
    usr = requests.post('https://getpocket.com/v3/oauth/authorize',
    data= usr_params)
usr.content
```

这里我们将使用图 5-6 的输出编码②进入检索故事的环节。

b'access_token=some_super_long_code&username=someuser@somewhere.com'

图 5-6

首先，我们检索标记为 "n" 的故事。

```
no_params = {'consumer_key':'my_consumer_key', 'access_token':
    'some_super_long_code',
    'tag': 'n'}
    no_result = requests.post('https://getpocket.com/v3/get',
    data=no_params)
no_result.text
```

上述代码生成图 5-7 的输出。

u'{"status":1,"complete":1,"list":{"1167823383":{"item_id":"1167823383","resolved_id":"116782
3383","given_url":"http:\\\/\\\/www.businessinsider.com\\\/gates-dont-expect-the-nuclear-agreeme
nt-to-lead-to-a-more-moderate-iran-2016-1","given_title":"GATES: Nuclear agreement won\'t lea
d to moderate Iran - Business Insider","favorite":"0","status":"0","time_added":"145325519
8","time_updated":"1453255217","time_read":"0","time_favorited":"0","sort_id":0,"resolved_tit
le":"GATES: Don\'t expect the nuclear agreement to lead to a more moderate Iran","resolved_ur
l":"http:\\\/\\\/www.businessinsider.com\\\/gates-dont-expect-the-nuclear-agreement-to-lead-to-a
-more-moderate-iran-2016-1","excerpt":"Former US defense secretary Robert Gates isn\'t optimi
stic that the landmark July 2015 nuclear deal with Iran will lead the country\\u00a0to halt a
ny of its disruptive policies in the Middle East or its support for terrorist groups.","is_ar
ticle":"1","is_index":"0","has_video":"0","has_image":"1","word_count":"963"},"1167877560":

图 5-7

注意在这里，我们通过所有标记为 "n" 的文章获得了一个很长的 JSON 字符串。其中有若干个主键，不过现在我们只对 URL 感兴趣。我们将依据此，继续创建一个 URL 的列表。

---

① 将链接中的 some_long_code 替换为你获得的编码。

② 这里的输出编码 some_super_long_code 是虚构的，只是用于示意。

```
no_jf = json.loads(no_result.text)
no_jd = no_jf['list']
no_urls=[]
for i in no_jd.values():
    no_urls.append(i.get('resolved_url'))
no_urls
```

上述代码生成图 5-8 的输出。

```
['http://www.slate.com/articles/double_x/doublex/2016/01/kermit_gosnell_s_atrocities_aren_t_an_argument_for_stricte
r_abortion_laws.html',
 'http://bleacherreport.com/articles/2608872-australian-open-2016-results-winners-scores-stats-from-monday-singles-br
acket',
 'http://www.slate.com/blogs/xx_factor/2016/01/14/rihanna_ahead_of_beyonc_in_the_celebrity_endorsement_game.html',
 'http://www.nzherald.co.nz/nz/news/article.cfm?c_id=1&objectid=11576760',
 'https://blogs.msdn.microsoft.com/oldnewthing/20160114-00/?p=92851',
 'https://www.washingtonpost.com/national/energy-environment/conservation-groups-demand-end-to-refuge-occupation/201
6/01/19/bb83a94e-beff-11e5-98c8-7fab78677d51_story.html',
 'http://www.ultimatepp.org/index.html',
```

图 5-8

这个列表包含所有我们不感兴趣的故事的 URL。现在，让我们将它放入一个 DataFrame
对象并将其如此标记。

```
import pandas
no_uf = pd.DataFrame(no_urls, columns=['urls'])
no_uf = no_uf.assign(wanted = lambda x: 'n')
no_uf
```

上述代码生成图 5-9 的输出。

	urls	是否感兴趣
0	http://netboot.xyz/	n
1	https://theconversation.com/how-do-you-build-a-mirror-for-one-of-the-worlds-biggest-telescopes-4...	n
2	http://www.wsj.com/articles/alcoa-to-delay-idling-of-washington-smelting-operation-1453235716	n
3	http://www.nzherald.co.nz/nz/news/article.cfm?c_id=1&objectid=11576760	n
4	http://www.businessinsider.com/r-islamic-state-frees-270-of-400-people-it-kidnapped-from-syrias-...	n
5	http://www.wsj.com/articles/johnson-johnson-plans-to-cut-6-of-workforce-1453205772	n
6	https://ramcloud.atlassian.net/wiki/display/RAM/RAMCloud+Papers	n
7	http://mmajunkie.com/2016/01/ronda-rousey-targets-holly-holm-rematch-in-2016-thats-what-i-want-t...	n

图 5-9

现在，不想要的故事已经就绪了。让我们对感兴趣的故事进行同样的处理。

```
ye_params = {'consumer_key': 'my_consumer_key', 'access_token':
    'some_super_long_token',
    'tag': 'y'}
yes_result = requests.post('https://getpocket.com/v3/get',
data=yes_params)
```

```
yes_jf = json.loads(yes_result.text)
yes_jd = yes_jf['list']
yes_urls=[]
for i in yes_jd.values():
    yes_urls.append(i.get('resolved_url'))
yes_uf = pd.DataFrame(yes_urls, columns=['urls'])
yes_uf = yes_uf.assign(wanted = lambda x: 'y')
yes_uf
```

上述代码生成图 5-10 的输出。

	urls	是否 感兴趣
0	https://medium.com/the-development-set/the-reductive-seduction-of-other-people-s-problems-3c07b3...	y
1	http://www.fastcompany.com/3054847/work-smart/can-exercise-really-make-you-grow-new-brain-cells	y
2	http://www.bbc.com/news/magazine-35290671	y
3	http://mobile.nytimes.com/2016/01/08/fashion/mens-style/new-york-bachelors-yearn-for-more.html	y
4	http://www.fastcompany.com/3055019/how-to-be-a-success-at-everything/the-secret-to-making-anxiet...	y
5	https://mentalfloss.atavist.com/secrets-of-the-mit-poker-course	y
6	https://medium.com/@amimran/usability-as-the-enemy-badf5ed6453a#.jxrdu7xub	y
7	http://www.fastcompany.com/3055282/why-its-totally-legal-to-dock-employees-pay-for-going-to-the-...	y
8	http://thenextweb.com/insider/2016/01/11/tinder-is-secretly-scoring-your-desirability-and-pickin...	y
9	http://www.theatlantic.com/science/archive/2016/01/fiber-gut-bacteria-microbiome/423903/	y

图 5-10

现在我们有两种类型的故事作为训练的数据，将它们连接到同一个 DataFrame。

```
df = pd.concat([yes_uf, no_uf])
df.dropna(inplace=1)
df
```

上述代码生成图 5-11 的输出。

26	http://www.slideshare.net/ChristopherMoody3/wo...	y
27	http://www.fastcompany.com/3055118/most-creati...	y
28	http://mobile.nytimes.com/blogs/bits/2016/01/1...	y
29	http://lifehacker.com/the-akrasia-effect-why-w...	y
...	...	...
58	http://www.huffingtonpost.com/tim-ward/7-advan...	n
59	http://www.cnn.com/2016/01/19/asia/peshawar-at...	n
60	http://www.nytimes.com/2016/01/24/travel/green...	n

图 5-11

现在，我们已经将所有的网址和相应的标签都放入同一个数据框中，接下来要下载每篇文章的 HTML 内容。我们将使用另一个称为 embed.ly 的免费服务。

5.2　使用 embed.ly API 下载故事的内容

我们拥有了所有故事的 URL，但不幸的是这对于机器训练来说还不够。现在需要整篇文字的内容。如果我们需要为数十个网站创建自己的爬虫，那么这可能会成为一个巨大的挑战。我们必须编写代码来定位文章的正文，同时小心回避围绕正文的所有其他无关内容。幸运的是，有一些免费的服务将为我们实现这个目标。这里将使用 embed.ly，不过你也可以使用一些其他的服务。

第一步是注册 embed.ly API 的访问。你可以在 `https://app.embed.ly/signup`执行此操作。这是一个很直接的过程。一旦确认注册，你将收到一个 API 密钥。这就是你所需要的全部。只需在 HTTP 请求中使用此密钥。现在开始吧。

```
import urllib
def get_html(x):
    qurl = urllib.parse.quote(x)
    rhtml = requests.get('https://api.embedly.com/1/extract?url=' +
    qurl + '&key=some_api_key')
    ctnt = json.loads(rhtml.text).get('content')
return ctnt
df.loc[:,'html'] = df['urls'].map(get_html)
df.dropna(inplace=1)
df
```

上述代码生成图 5-12 的输出。

	urls	是否感兴趣	html
0	https://medium.com/the-development-set/the-red...	y	\<div\>\n\<section\>\<h3\>The Reductive Seduction of...
1	http://www.fastcompany.com/3054847/work-smart/...	y	\<div\>\n\<p\>\<a href="http://suzukilab.com/"\>Wend...
2	http://www.bbc.com/news/magazine-35290671	y	\<div\>\n\<figure\>\<img src="http://ichef.bbci.co....
3	http://mobile.nytimes.com/2016/01/08/fashion/m...	y	\<div\>\n\<p\>Jean-Marc Choffel, a 42-year-old Fre...
4	http://www.fastcompany.com/3055019/how-to-be-a...	y	\<div\>\n\<p\>Alison Wood Brooks, a colleague of m...
5	https://mentalfloss.atavist.com/secrets-of-the...	y	\<div\>\n\<i\>This story originally appeared in th...
6	https://medium.com/@amimran/usability-as-the-e...	y	\<div\>\n\<h3\>Usability as the enemy\</h3\>\n\<figur...
7	http://www.fastcompany.com/3055282/why-its-tot...	y	\<div\>\n\<p\>Last week, 6,000 workers of a Pennsy...

图 5-12

使用这个，每个故事的 HTML 内容就能准备好了。

我们需要向模型提供纯文本而不是 HTML，所以这里将使用解析器来剥离 HTML 的标签。

```
from bs4 import BeautifulSoup
def get_text(x):
    soup = BeautifulSoup(x, 'lxml')
    text = soup.get_text()
    return text
df.loc[:,'text'] = df['html'].map(get_text)
df
```

上述代码生成图 5-13 的输出。

	urls	是否感兴趣	html	纯文本
0	http://ramiro.org/vis/hn-most-linked-books/	y	\<div\>\n\<h3\>Top 30 books ranked by total number...	\nTop 30 books ranked by total number of links...
1	http://www.vox.com/2014/7/15/5881947/myers-bri...	y	\<div\>\n\<p\>The Myers-Briggs Type Indicator is p...	\nThe Myers-Briggs Type Indicator is probably ...
2	https://medium.com/@karppinen/how-i-ended-up-p...	y	\<div\>\n\<h3\>How I ended up paying $150 for a si...	\nHow I ended up paying $150 for a single 60GB...
3	http://www.businessinsider.com/the-scientific-...	y	\<div\>\n\<figure\>\<img src="http://static1.busine...	\nshutterstockA wise Shakespeare mug once said ...
4	http://www.vox.com/2016/1/14/10760622/nutritio...	y	\<div\>\n\<p\>There was a time, in the distant pas...	\nThere was a time, in the distant past, when ...

图 5-13

有了这个，我们的训练集就准备完毕了。现在可以继续讨论如何将这些文本转换为模型可以使用的格式。

5.3　自然语言处理基础

如果机器学习模型只能操作数值型的数据，那么我们如何将文本转换成数值的表示？这是自然语言处理（NLP）的重点。在我们处理数据之前，需要简要了解一下 NLP 的原理。

一开始我们不使用从 Pocket 收集来的数据，而是一个最简化的例子，以确保阐明 NLP 的工作原理。一旦这些都清楚了，我们就可以将其应用于新闻源的语料库。

我们将从一个包含三句话的小语料库开始。

- The new kitten played with the other kittens

- She ate lunch

- She loved her kitten

我们首先将语料库转换为词袋（BOW）的表示。这里将跳过预处理。将语料库转换为词袋表示，包括获取每个单词及其数量，来创建词条-文档的矩阵。在词条-文档的矩阵中，每个唯一的单词对应于一列，而每个文档对应于一行。两者的交点是这个单词在该文档中出现的次数，如表 5-1 所示。

表 5-1

	the	new	kitten	played	with	other	kittens	she	ate	lunch	loved	her
1	1	1	1	1	1	1	1	0	0	0	0	0
2	0	0	0	0	0	0	0	1	1	1	0	0
3	0	0	1	0	0	0	0	1	0	0	1	1

请注意，仅仅分析了这三个短句，我们就已经有了 12 个特征[①]。可以想象，如果处理真实的文档，例如新闻稿，甚至是书籍，那么特征的数量将爆炸式地增长到数十万。为了缓解这个问题，我们可以采取一系列的步骤，删除对分析几乎没有价值的特征。

我们可以采取的第一步是删除停用词。这些单词是如此的普通，它们通常无法告诉你关于文档的内容。常见的英语停用词的示例是"the"、"is"、"at"、"which"和"on"。我们将删除这些词并重新计算词条-文档矩阵，如表 5-2 所示。

表 5-2

	new	kitten	played	kittens	ate	lunch	loved
1	1	1	1	1	0	0	0
2	0	0	0	0	1	1	0
3	0	1	0	0	0	0	1

如你在表 5-2 中所见，特征的数量从 12 个减少到 7 个。这很棒，但我们可以更进一步。这里可以执行取词干或词形还原来进一步减少特征。请注意在我们的矩阵中，同时存在"kitten"和"kittens"。使用取词干或词形还原的技术，我们可以将这两者合并为"kitten"，如表 5-3 所示。

---

① 译者注：这里每个唯一的单词表示一维特征。

表 5-3

	new	kitten	play	eat	lunch	love
1	1	2	1	0	0	0
2	0	0	0	1	1	0
3	0	1	0	0	0	1

我们的新矩阵合并了 "kittens" 和 "kitten"，不过这里还进行了其他的修改。我们去掉了 "played" 和 "loved" 的后缀，"ate" 变成了 "eat"。为什么呢？ 这就是词形还原所做的事情。如果你还记得小学的语法课，我们学过从带词尾的形式转变为词的基本形式。现在，如果词形还原是将一个词变换为它的基本形式，那什么是取词干呢？取词干也有同样的目标，不过它使用的方法没有那么复杂。这种方法有时可以产生虚构的单词而不是实际的基本形式。例如，在词形还原中，如果你变换词 "ponies"，你会得到 "pony"；而使用取词干的技术，你会得到 "poni"。

现在，让我们进一步对矩阵应用另一个变换。到目前为止，我们使用了每个单词的简单计数，但是可以采用某个算法以做得更好，它就像数据的过滤器，以提升对于每个文档而言更为特殊的单词。该算法称为词频–逆文档频率或 *tf-idf*。

我们为矩阵中的每个词条计算 *tf-idf* 的值。这里来算几个例子。对于文档 1 中的 "new" 一词，词频只是 1。逆文档频率计算为文档总数除以出现该词的文档数，再取 log。对于 "new" 来说就是 log(3/1)，或 0.4471。所以对于完整的 *tf-idf* 值，我们使用 *tf* × *idf*，在这里它是 1 × 0.4471，或者就是 0.4471。对于文档 1 中的单词 "kitten"，*tf-idf* 是 2 × log(3/2)，或 0.3522。

为剩余的词条和文档完成同样的操作，我们获得了表 5-4。

表 5-4

	new	kitten	play	eat	lunch	love
1	0.4471	0.3522	0.4471	0	0	0
2	0	0	0	0.4471	0.4471	0
3	0	0.1761	0	0	0	0.4471

为什么要做这些？为了获得较高的 *tf-idf* 值，一个词条需要在较少的文档中，出现较高的次数。这样，我们可以认为文件由具有高 *tf-idf* 值的词条所表示。

使用目前的数据框，我们将训练集转换为 *tf-idf* 矩阵。

```
from sklearn.feature_extraction.text import TfidfVectorizer
vect = TfidfVectorizer(ngram_range=(1,3), stop_words='english', min_df=3)
tv = vect.fit_transform(df['text'])
```

通过这三行，我们将所有文档转换为 *tf-idf* 向量。有几点需要注意。我们传入了一些参数：`ngram_range`、`stop_words` 和 `min_df`。让我们逐个来讨论。

首先，`ngram_range` 表示文档是如何被分词的。在之前的例子中，我们将每个单词作为分词，但在这里我们使用每一个、每二个到每三个词组成的序列作为分词。以第二句话为例，"She ate lunch." 此时忽略停用词。那么这句话的 ngram 将是："she"、"she ate"、"she ate lunch"、"ate"、"ate lunch" 和 "lunch"。

接下来的选项是 `stop_words`。我们传入 "English" 来删除所有的英语停用词。如前所述，这将删除所有缺乏信息含量的词条。

最后的选项是 `min_df`。这里会删除所有文档频率少于三的单词。加入此操作会移除那些非常罕见的词条，并减少矩阵的规模。

现在我们的文章语料库是可供模型操作的数值格式，下面继续将其输送给分类器。

5.4 支持向量机

我们将在本章中使用一个新的分类器，即线性支持向量机。支持向量机的算法使用"最大边缘超平面"，试图对数据点进行线性分离并归类。这是口头上的描述，下面让我们来看看这究竟是什么意思。

假设有两类数据，而我们想用一条线来分隔它们（这里只处理两个特征或维度）。放置这条线最有效的方法是什么？如图 5-14 所示。

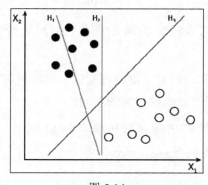

图 5-14

在图 5-14 中，线 H_1 不能有效地区分两个类，所以我们可以不考虑这条。线 H_2 能够清楚地区分它们，但是 H_3 确保了最大的空余边缘。这意味着该线在两个类间最近点的当中，而这些点被称为支持向量。它们也可以看作是图 5-15 中的虚线。

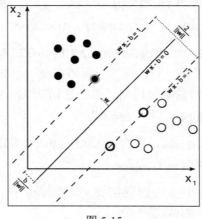

图 5-15

但是，如果数据不能被如此清晰地分到各个类中，那又该怎么办？如果点之间有重叠呢？在这种情况下也有办法。一种是使用所谓的 softmargin SVM。这个公式仍然使边缘最大化，但是有一个权衡的策略：如果点错误地落在边缘的某一侧，那么对这样的点进行惩罚。另一种是使用所谓的 kernel 技巧。这种方法将数据转换到更高维度的空间，让这些数据可以被线性的分割。

如图 5-16 所示，其中有两个类，不能用单线性平面分开。

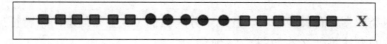

图 5-16

不过，内核的某种实现可以将图 5-16 的图像映射到更高维度，如图 5-17 所示。这允许数据被线性分割。

我们已经将一维特征空间映射到二维特征空间。该映射简单地取每个 x 值并将其映射到 x, x^2。这个变换允许我们添加线性分割的平面。

介绍完这些，现在让我们将 *tf-idf* 矩阵传送给 SVM 模型。

```
from sklearn.svm import LinearSVC
clf = LinearSVC()
model = clf.fit(tv, df['wanted'])
```

这个 tv 参数是我们的矩阵，而 df ['wanted'] 是我们的标签列表。记住标签是'y'或'n'，表示我们是否对文章感兴趣。一旦运行完成，模型就训练完毕了。

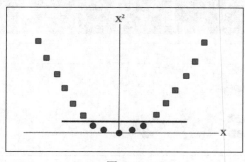

图 5-17

本章中尚未进行的一个步骤就是正式地评估我们的模型。你总是应该保留一份数据来评估模型，但由于我们需要不断更新模型，并且每天评估它，在这一章我们将跳过这一步。记得这通常是一个糟糕的想法[①]。

现在让我们继续建立每日的新闻源。

5.5　IFTTT 与文章源、Google 表单和电子邮件的集成

我们使用 Pocket 来构建训练集，可是现在需要一个流式的文章源来运行训练后的模型。为了完成这项任务，我们将再次使用 IFTT、Google 表单，以及一个允许我们使用 Google 表单的 Python 库。

通过 IFTTT 设置新闻源和 Google 表单

希望此时你已经有一个 IFTTT 账户，如果没有请现在去申请。更多详细信息，请参阅第 3 章——构建应用程序，发现低价的机票。一旦完成此操作后，你需要设置它与文章源和 Google 表单的集成。

在图 5-18 中，首先单击 Channels，搜索 feed，然后单击它进行设置。

在图 5-19 中，你只需要单击 Connect。

---

① 译者注：作者的原意是通常情况下，不应该跳过评估的环节。

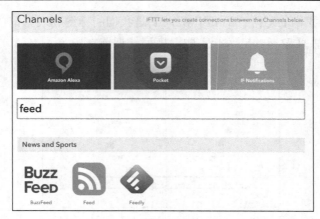

图 5-18

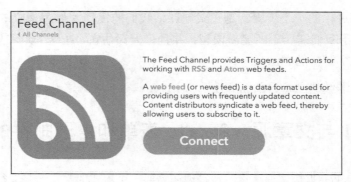

图 5-19

接下来，再次单击右上角的 Channels。这次搜索 Google Drive，如图 5-20 所示。

图 5-20

单击 Google Drive。它会带你到选择 Google 账户进行连接的页面。选择账户，然后单击 Allow 允许 IFTT 访问你的 Google Drive 账户。完成后，你应该看到图 5-21 的内容。

图 5-21

现在，我们的频道已连接，可以设置自己的文章源了。单击 My Recipes，然后单击 Create a Recipe。这将让你来到这一步，如图 5-22 所示。

图 5-22

单击 this。搜索 feed，然后单击它。你会来到这一步，如图 5-23 所示。

图 5-23

在图 5-23 中，单击 New feed item，你应该看到图 5-24 的内容。

图 5-24

然后，将 URL 添加到输入框中，并单击 Create Trigger。一旦这步完成，你会回到添加 that 的动作，如图 5-25 所示。

图 5-25

单击 that，搜索 Google Drive，然后单击其图标。一旦完成这步，你会来到这个界面，如图 5-26 所示。

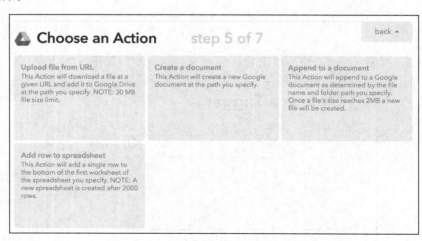

图 5-26

我们希望新闻项目能够流入 Google Drive 的电子表单，因此请单击 Add row to spreadsheet。然后，你可以自定义电子表单，如图 5-27 所示。

图 5-27

我将这个电子表单命名为 NewStories，并将其放在名为 IFTTT 的 Google Drive 文件夹中。单击 Create Action 来完成这个 Recipe，很快你就会看到新闻项目不断地流入 Google Drive 的电子表单。注意，它只会添加新进入的新闻项目，而不会添加在创建 Google 工作表时就已经存在的新闻项目。我建议增加一定数量的信息源。你需要为每个源头创建单独的 Recipe。最好为训练集中的网站添加信息源，例如，你使用 Pocket 保存的那些网站。

让新闻故事在表单中累积一两天。很快，它们就应该看起来像图 5-28 那样。

	A	B	C	D
1	January 17, 2016 at 08:48AM	The man who owned the world: David Bowie made reinvention an art form - Salon	http://news.google.c	\<table border="0" cellpadding="2" cellspacing
2	January 17, 2016 at 02:26PM	Netflix To Ramp Up Originals Targeting Kids - Wall Street Journal	http://news.google.com/	\<table border="0" cellpadding="2" cellspacing
3	January 17, 2016 at 06:06PM	Nostalgia powers Netflix's 'Fuller House' return - USA TODAY	http://news.google.com/	\<table border="0" cellpadding="2" cellspacing
4	January 17, 2016 at 04:51PM	High School Musical cast to reunite for 10-year anniversary telecast - Entertainment Weekly	http://news.google.com/	\<table border="0" cellpadding="2" cellspacing
5	January 17, 2016 at 06:40PM	Unbreakable Kimmy Schmidt renewed for season 3 by Netflix - Entertainment Weekly	http://news.google.com/	\<table border="0" cellpadding="2" cellspacing
6	January 17, 2016 at 05:50PM	David Bowie's 'Blackstar' Becomes His First No. 1 Album - Us Weekly	http://news.google.com/	\<table border="0" cellpadding="2" cellspacing
7	January 17, 2016 at 07:02PM	5 reasons why birthday girl Betty White had a much better year than you did - USA TODAY	http://news.google.com/	\<table border="0" cellpadding="2" cellspacing
8	January 16, 2016 at 10:00PM	Straight Outta Compton' Producer Calls Oscar Noms "Embarrassing" - Hollywood Reporter	http://news.google.com/	\<table border="0" cellpadding="2" cellspacing
9	January 16, 2016 at 02:07PM	SXSW Co-Founder Confesses to 'David Bowie' Street Sign in Austin - Billboard	http://news.google.com/	\<table border="0" cellpadding="2" cellspacing
10	January 17, 2016 at 01:27PM	Ted Sarandos Blasts NBC's Netflix Ratings Info: 'Remarkably Inaccurate' - Variety	http://news.google.com/	\<table border="0" cellpadding="2" cellspacing
11	January 17, 2016 at 04:18PM	Critics' Choice Awards: What will happen when Erlich Bachman from 'Silicon ... - CNN	http://news.google.com/	\<table border="0" cellpadding="2" cellspacing
12	January 17, 2016 at 06:40PM	Jessica Jones RENEWED for season 2 by Netflix but there's a twist - Mirror.co.uk	http://news.google.com/	\<table border="0" cellpadding="2" cellspacing
13	January 17, 2016 at 07:02PM	High School Musical' Stars Reunite for 10th Anniversary - ABC News	http://news.google.com/	\<table border="0" cellpadding="2" cellspacing
14	January 17, 2016 at 08:43PM	Say hello to 'Daredevil's' Frank Castle, Elektra - USA TODAY	http://news.google.com/	\<table border="0" cellpadding="2" cellspacing
15	January 17, 2016 at 08:46PM	Sean Penn Tells '60 Minutes' His El Chapo Story "Failed" - Hollywood Reporter	http://news.google.com/	\<table border="0" cellpadding="2" cellspacing

图 5-28

幸运的是，其中包括了全文的 HTML 内容。这意味着我们不必再使用 embed.ly 为每篇文章下载其内容。我们仍然需要从 Google 表单中下载文章，然后处理其中的文本以删除 HTML 标记，但这一切都可以相当容易地完成。

为了拉取表单中的文章，我们将使用一个名为 gspread 的 Python 库。它可以通过 pip 安装。完成后，你需要按照指示设置 oauth2。可以在 http://gspread.readthedocs. org/en/latest/oauth2.html 找到如何设置。完成后，你会下载一个 JSON 格式的凭据文件。一旦你有了这个文件，就能使用 client_email 键找到电子邮件地址。然后，你需要向该电子邮件共享正在接受新闻故事的 NewStories 电子表单。只需单击表单右上角的蓝色 Share 按钮，然后在其中粘贴电子邮件地址就行了。如果运行下列代码，最终你会在 Gmail 账户中收到未能发送的邮件，但这是预期的结果。请确保在以下的代码中换入你自己的文件路径以及文件名称。

```
import gspread
from oauth2client.client import SignedJwtAssertionCredentials
json_key = json.load(open(r'/PATH_TO_KEY/KEY.json'))
scope = ['https://spreadsheets.google.com/feeds']
credentials = SignedJwtAssertionCredentials(json_key['client_email'],
json_key['private_key'].encode(), scope)
gc = gspread.authorize(credentials)
```

现在，如果一切顺利，运行应该没有错误。接下来，你可以下载新闻故事了。

```
ws = gc.open("NewStories")
sh = ws.sheet1
zd = list(zip(sh.col_values(2),sh.col_values(3), sh.col_values(4)))
zf = pd.DataFrame(zd, columns=['title','urls','html'])
zf.replace('', pd.np.nan, inplace=True)
zf.dropna(inplace=True)
zf
```

上述代码生成图 5-29 的输出。

	标题	链接
0	The man who owned the world: David Bowie made ...	http://news.google.com/news/url?sa=t&fd=R&ct2=...
1	Netflix To Ramp Up Originals Targeting Kids - ...	http://news.google.com/news/url?sa=t&fd=R&ct2=...
2	Nostalgia powers Netflix's 'Fuller House' retu...	http://news.google.com/news/url?sa=t&fd=R&ct2=...
3	High School Musical cast to reunite for 10-yea...	http://news.google.com/news/url?sa=t&fd=R&ct2=...

图 5-29

如此一来，我们从信息源中下载了所有的文章，并将它们放入了 `DataFrame` 对象。现在需要去掉 HTML 标签。可以使用之前用过的函数来获取文本。然后我们将使用 *tf-idf* 向量转换器转变它。

```
zf.loc[:,'text'] = zf['html'].map(get_text) zf.reset_index(drop=True,
inplace=True)
test_matrix = vect.transform(zf['text'])
test_matrix
```

上述代码生成图 5-30 的输出。

```
<488x4532 sparse matrix of type '<class 'numpy.float64'>'
        with 23361 stored elements in Compressed Sparse Row format>
```

图 5-30

这里，我们看到向量化是成功的。现在将这个传递给模型，以获取结果。

```
results = pd.DataFrame(model.predict(test_matrix),
columns = ['wanted'])
```

上述代码生成图 5-31 的输出。

	wanted
0	n
1	n
2	n
3	n
4	n
5	n
6	n
7	n
8	n

可以看到，每个故事都有一个预测的结果。让我们来查阅故事的内容，以此来评估结果的准确性。

```
rez = pd.merge(results,zf, left_index=True, right_index=True)
rez
```

图 5-31

上述代码生成图 5-32 的输出。

n	Nostalgia powers Netflix's 'Fuller House return' - USA TODAY
n	High School Musical cast to reunite for 10-year anniversary telecast - Entertainment Weekly

图 5-32

图 5-32 中两篇文章的预测肯定是对的，因为我的兴趣不在 High School Musical 和 Full House。

此时，我们可以通过查看结果和纠正错误来改进模型。你需要根据自己的判断来决定每个预测准确与否，这里列出我的判断和修改结果。

```
change_to_no = [130, 145, 148, 163, 178, 199, 219, 222, 223, 226, 235, 279,
348, 357, 427, 440, 542, 544, 546, 568, 614, 619, 660, 668, 679, 686, 740,
829]
change_to_yes = [0, 9, 29, 35, 42, 71, 110, 190, 319, 335, 344, 371, 385,
399, 408, 409, 422, 472, 520, 534, 672]
```

```
for i in rez.iloc[change_to_yes].index:
    rez.iloc[i]['wanted'] = 'y'
for i in rez.iloc[change_to_no].index:
    rez.iloc[i]['wanted'] = 'n'
rez
```

上述代码生成图 5-33 的输出。

	wanted	title	urls
0	n	The man who owned the world: David Bowie made reinvention an art form - Salon	http://news.google.com/news/url?sa=t&fd=R&ct2=us&usg=AFQjCNE_a3MZnPNJ_DL--w-_YaNx6lrrbw&clid=c3a7d30bb8a4878e06b80cf16b898331&cid=52779030852562&ei=PyCcVtDxCYaa3QHP5ogl&url=http://\
1	n	Netflix To Ramp Up Originals Targeting Kids -	http://news.google.com/news/url?sa=t&fd=R&ct2=us&usg=AFQjCNFcojfNfk-8kEXByj4x1dWEyPmIJw&clid=c3a7d30bb8a4878e06b80cf16b898331&cid=52779031941618&ei=ISOcVujuMYOT3AH8vpb4

图 5-33

看上去好像有修正了很多错误，但对于超过 900 篇文章的评价而言，可以说改得非常少了。通过这些更正，我们现在可以将其反馈到模型中进一步提升它。将这些结果添加到之前的训练数据中，然后重建模型。

```
combined = pd.concat([df[['wanted', 'text']], rez[['wanted',
'text']]])
combined
```

上述代码生成图 5-34 的输出。

	wanted	text
0	y	\nTop 30 books ranked by total number of links to Amazon in Hacker News comments\nClick on a thumbnail image or bar to show the book details.\nAmazon product links were extracted and counted from ...
1	y	\nThe Myers-Briggs Type Indicator is probably the most widely used personality test in the world.\nAbout 2 million peopletake it annually, at the behest of corporate HR departments, colleges, and ...
2	y	\nHow I ended up paying $150 for a single 60GB download from Amazon Glacier\nIn late 2012, I decided that it was time for my last remaining music CDs to go. Between MacBook Airs and the just-intro...
3	y	\nshutterstockA wise Shakespeare mug once said that "love is merely madness" and when you're in the throws of it, that certainly seems to be so.\nLike Dimetapp, love tastes strange, is intoxicatin...
4	y	\nThere was a time, in the distant past, when studying nutrition was a relatively simple science.\nIn 1747, a Scottish doctor named James Lind wanted to figure out why so many sailors got scurvy, ...

图 5-34

现在我们重建模型。

```
tvcomb = vect.fit_transform(combined['text'], combined['wanted'])
model = clf.fit(tvcomb, combined['wanted'])
```

我们通过所有可用的数据重新训练了模型。随着时间的推移你将获得更多的结果，因此可以进行多次这样的操作。你添加的训练数据越多，预测的结果会越好。

我们假设此时你已经有一个训练有素的模型了，并准备开始使用它。下面看看如何部署它来建立个性化的新闻源。

5.6 设置你的每日个性化新闻简报

为了使用新闻故事来创建个人电子邮件，我们将再次使用 IFTTT。如我们在第 3 章——构建应用程序，发现低价的机票——所做，我们将使用 Maker 频道发送 POST 请求。不过，这一次的有效载荷将是我们的新闻故事。如果你尚未设置 Maker 频道，请先完成这一步。具体的操作指令可以在第 3 章中找到。你还应设置 Gmail 频道。一旦完成后，我们将添加一个 Recipe 来组合这两个。

首先，在 IFTTT 主页单击 Create Recipe。然后，搜索 Maker Channel，如图 5-35 所示。

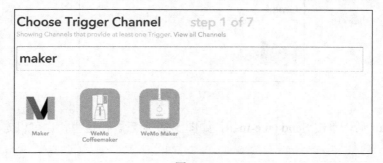

图 5-35

选择 this，然后选择 Receive a web request，如图 5-36 所示。

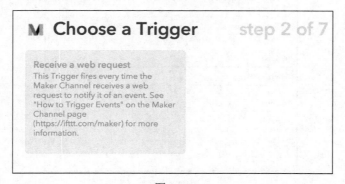

图 5-36

然后，为该请求提供一个名称。我在这里使用 `news_event`，如图 5-37 所示。

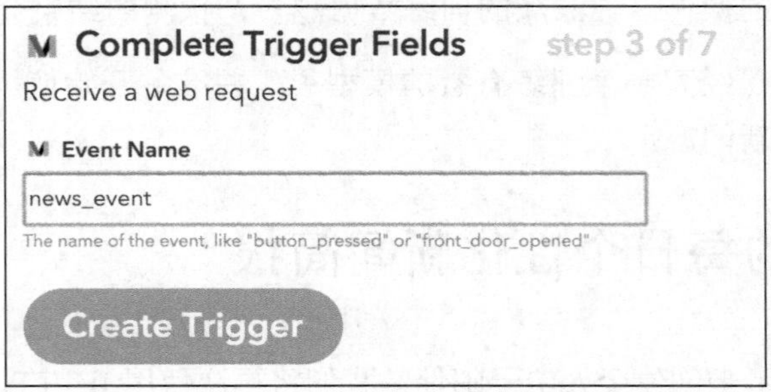

图 5-37

最后，单击 Create Trigger 来完成所有步骤。接下来，单击 that 来设置电子邮件。搜索 Gmail 并单击图 5-38 所示的图标。

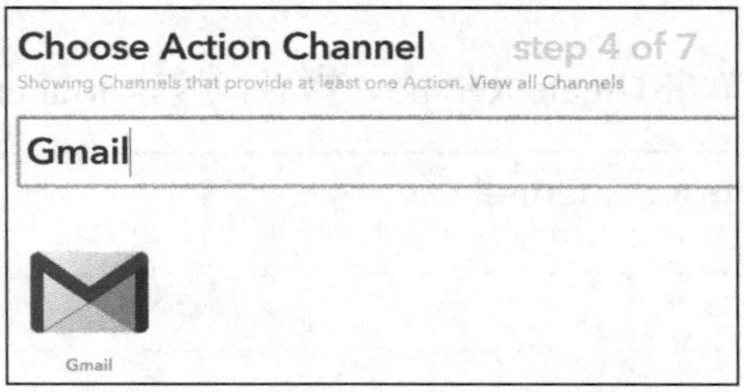

图 5-38

选择 Gmail 后，单击 Send an e-mail，如图 5-39 所示。在这里，你可以定制化自己的电子邮件消息。

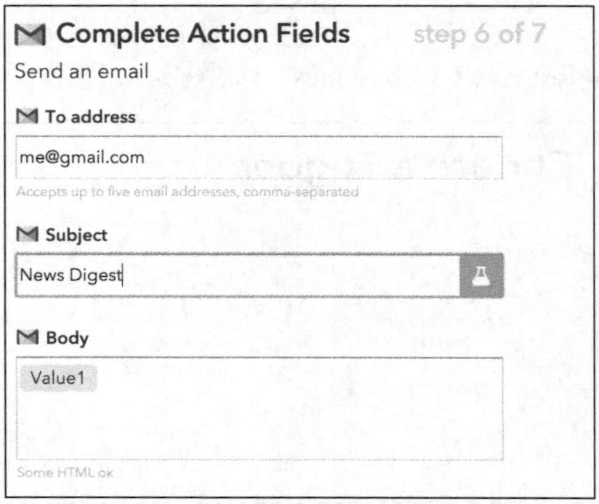

图 5-39

输入你的电子邮件地址，主题，最后在电子邮件的正文中包括 Value1。我们将通过 POST 请求传递故事标题和链接。单击 Create Recipe 最终完成这项操作。

现在，我们已经准备就绪，可以生成一个按计划运行的脚本，自动发送我们感兴趣的文章。我们将为此创建一个单独的脚本，不过对于现有的代码，还需要序列化向量转化器和模型。

```python
import pickle
pickle.dump(model, open
(r'/Users/alexcombs/Downloads/news_model_pickle.p', 'wb'))
pickle.dump(vect, open
(r'/Users/alexcombs/Downloads/news_vect_pickle.p', 'wb'))
```

通过这些代码，我们已经保存了所需的模型。在新的脚本中，我们将读取这些模型来生成新的预测。我们将使用相同的计划库运行第 3 章的代码。整合所有这些，我们将获得如下的脚本。

```python
# 进行包的导入
import pandas as pd

from sklearn.feature_extraction.text import TfidfVectorizer
from sklearn.svm import LinearSVC

import schedule
import time

import pickle

import json

import gspread

import requests
from bs4 import BeautifulSoup

from oauth2client.client import SignedJwtAssertionCredentials


# 创建我们的抓取函数
def fetch_news():
    try:
        vect = pickle.load(open(r'/Users/alexcombs/Downloads/
        news_vect_pickle.p', 'rb'))
```

```python
model = pickle.load(open(r'/Users/alexcombs/Downloads/
news_model_pickle.p', 'rb'))

json_key = json.load(open(r'/Users/alexcombs/Downloads/
APIKEY.json'))
scope = ['https://spreadsheets.google.com/feeds']
credentials = SignedJwtAssertionCredentials(json_key
['client_email'], json_key['private_key'].encode(), scope)
gc = gspread.authorize(credentials)

ws = gc.open("NewStories")
sh = ws.sheet1
zd = list(zip(sh.col_values(2), sh.col_values(3),
sh.col_values(4)))
zf = pd.DataFrame(zd, columns=['title', 'urls', 'html'])
zf.replace('', pd.np.nan, inplace=True)
zf.dropna(inplace=True)

def get_text(x):
    soup = BeautifulSoup(x, 'lxml')
    text = soup.get_text()
    return text

zf.loc[:, 'text'] = zf['html'].map(get_text)

tv = vect.transform(zf['text'])
res = model.predict(tv)

rf = pd.DataFrame(res, columns=['wanted'])
rez = pd.merge(rf, zf, left_index=True, right_index=True)

news_str = ''
for t, u in zip(rez[rez['wanted'] == 'y']['title'],
rez[rez['wanted'] == 'y']['urls']):
    news_str = news_str + t + '\n' + u + '\n'

payload = {"value1": news_str}
r = requests.post('https://maker.ifttt.com/trigger/
news_event/with/ key/IFTTT_KEY', data=payload)

# 清理工作表
lenv = len(sh.col_values(1))
cell_list = sh.range('A1:F' + str(lenv))
```

```
        for cell in cell_list:
            cell.value = ""
        sh.update_cells(cell_list)
        print(r.text)
    except:
        print('Failed')

schedule.every(480).minutes.do(fetch_news)
while 1:
    schedule.run_pending()
    time.sleep(1)
```

这个脚本所做的事情是，每 4 小时运行一次，从 Google 表单下载新闻故事，通过模型对这些故事进行预测，再向 IFTTT 发送 POST 请求来生成电子邮件，该邮件包含了模型预测我们会感兴趣的故事，然后在最终，它会清除电子表格中的故事，以便下一封电子邮件只会发送新的故事。

恭喜！你现在拥有自己的个性化新闻源了！

5.7　小结

在本章中，我们学习了在训练机器学习模型时，如何使用文本数据。我们还学习了 NLP 和支持向量机的基础知识。下一章，我们将进一步深入这些技能，并尝试预测什么样的内容会广为流传。

第6章
预测你的内容是否会广为流传

一切都始于一场赌注。2001 年，Jonah Peretti，那时还是麻省理工学院的研究生，拖延了他的毕业进程。他没有写论文，而是决定接受耐克公司提供的机会，打造一双个性化的运动鞋。根据当时推出的最新项目，任何人都可以在耐克的新网站——NIKEiD 进行这样的设计。唯一的问题是，至少从耐克的角度来看，像 Peretti 所请求的那样，在耐克鞋上打出"血汗工厂"①的字眼，是不能予以考虑的。Peretti 通过一系列发给耐克公司的电子邮件表示抗议，他指出"血汗工厂"一词并不属于该公司明令禁止条款中的任何类别，因此不应该导致他的请求被拒绝。

Peretti 发现他与耐克的客服代表之间来来回回的邮件非常有意思，而且觉得别人可能也会感兴趣，所以将这些信转发给一些亲近的朋友。几天之内，电子邮件已经进入了全世界的各种收件箱。主流的媒体，例如 Time、Salon、The Guardian，甚至 Today show 的节目都谈论到了这个。Peretti 是整个病毒式传播的中心。

不久之后，开始讨论的问题变成这种事情是否可以复制。他的朋友，Cameron Marlow，一直在准备写有关病毒式传播的博士论文，并且非常肯定这样的事情对于任何人来说都很难刻意为之的。Marlow 和 Peretti 打赌，Peretti 不能重复耐克事件这样的成功。Peretti 迎接了挑战。

一晃 15 年过去了，Jonah Peretti 领导着一个名为 BuzzFeed 的网站，它已经成为了病毒式内容的同义词。2015 年该网站拥有超过 7700 万的独立访问者，在总触达率的排名中它高于纽约时报。我认为 Peretti 赢得了这场赌注。

但他究竟是怎么做的呢？ Peretti 如何发明秘密公式，来创建像野火一般蔓延的内容？

---

① 译者注：耐克认为 Peretti 这样做是含沙射影地指向耐克工厂。

在本章中，我们将试图解开其中一些奥秘。我们将观察一些广为流传的内容，并尝试找到它们的共同点，看看它们和那些人们不太愿意分享的内容相比，到底有什么区别。

我们将在本章讨论以下主题。

- 关于病毒性，研究告诉我们了些什么？
- 获得被共享的内容和数量。
- 探索可共享性的特征。
- 构建预测性的内容评分模型。

6.1 关于病毒性，研究告诉我们了些什么

了解共享行为是一件很重要的事情。随着消费者对传统广告的日益麻木，推送应该不再限于简单的触达，而是应该讲述更有吸引力的故事。这种尝试的成功在社交性分享中变得越来越明显。为什么要花费力气做这些呢？因为对于一个品牌而言，每一次分享都意味着触达了一个消费者——而且没有花费 1 分钱。

鉴于其价值，几个研究人员观察了分享行为，希望理解是什么激励人们这么去做。

研究人员发现了以下几点原因。

- 为他人提供实用的价值（利他主义动机）。
- 将自身和某些想法以及概念相关联（自我认同动机）。
- 通过共同的情感与他人联系（公社动机）。

关于最后一个动机，一个经过特别精心设计的研究查看了 7,000 份来自《纽约时报》的内容，以观察情感对分享行为的影响。他们发现，简单的情感和情绪不足以解释分享行为，但当分享与情绪响应相结合时，解释力更大。例如，虽然悲伤具有很强的负面性，但被认为是低响应状态。另一方面，愤怒既具有负面性，又具有相匹配的高响应状态。鉴于此，使读者产生悲伤情绪的故事，其产生的进一步传播要比使读者产生愤怒情绪的故事产生少得多，如图 6-1 所示。

这篇文章包含了动机方面的研究。然而，如果我们保持这些因素不变，其他属性将如何影响某段内容的病毒式传播？其中一些因素可能包括：标题的语句、标题的长度、标题的词性、内容的长度、发帖的社交网络、主题、主题的时间轴等等。毫无疑问，一个人可以花费毕生的精力研究这种现象。然而，现在，我们只是花费接下来 30 页左右的内容进行

相关研究。

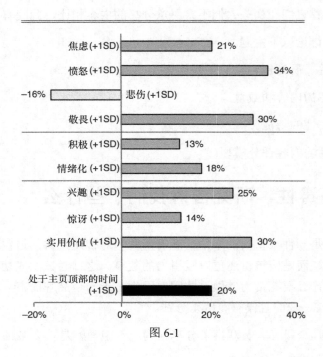

图 6-1

6.2　获取分享的数量和内容

在开始探索哪些特征会使得内容易于共享之前，我们手头上需要足够的内容。我们还需要每份内容在各种社交网络上的分享次数。幸运的是，获取这些并没有多大困难。我会使用网站 ruzzit.com。

这是一个相对较新的网站——它仍处于 beta 测试阶段[①]，但它会跟踪最常被分享的内容，这正是我们需要的，如图 6-2 所示。

我们将从页面中抓取内容——不幸的是，没有可以直接使用的 API 接口。而且，因为该网站使用了无限滚动的机制，我们需要使用第 3 章的老朋友，Selenium 和 PhantomJS。现在开始抓取吧。

---

① 译者注：至少在原著作者撰写本书的时候是如此。

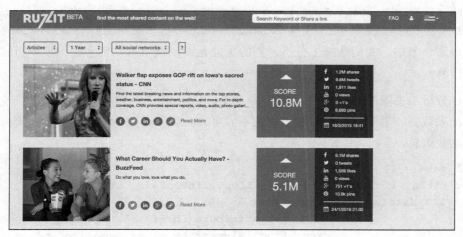

图 6-2

我们将从最初需要导入的包开始。

```
import requests
import pandas as pd
import numpy as np
import json
import time
from selenium import webdriver
    pd.set_option('display.max_colwidth', 200)
```

接下来，我们将设置 Selenium 浏览器。这里仅选择该站点过去一年的文章来生成 URL 网址列表。需要设定浏览器的大小，以便获得标准的桌面外观，并且每隔 15 秒请求一次，这事关礼仪[①]。我们也将向下滚动相当于 50 页的内容（每页有 10 篇文章）。

```
browser = webdriver.PhantomJS()
browser.set_window_size(1080,800)
browser.get("http://www.ruzzit.com/en-US/Timeline?media=Articles&timeline=
Year1&networks=All")
time.sleep(3)
pg_scroll_count = 50
while pg_scroll_count:
    browser.execute_script("window.scrollTo(0, document.body.scrollHeight);")
    time.sleep(15)
    pg_scroll_count -= 1
titles = browser.find_elements_by_class_name("article_title")
```

---

① 译者注：频繁地爬取网站内容将对其服务器造成不必要的压力，作者认为这样做是不合礼仪的。

```
link_class = browser.find_elements_by_class_name("link_read_more_article")
stats = browser.find_elements_by_class_name("ruzzit_statistics_area")
```

在最后一节中，我们选择了分析所需的页面元素。接下来，需要进一步解析它们以获取文本信息。

我在分析中去除 Twitter 所提供的分享次数。该公司在 2015 年年底决定从其标准 API 中删除此项数据。鉴于此，其展示的次数不太可靠。为了避免数据被污染的风险，最好直接去除这些信息。

```
all_data = []
for title, link, stat in zip(titles, link_class, stats):
    all_data.append((title.text,\
                    link.get_attribute("href"),\
                    stat.find_ element_by_class_name("col-md-
12").text.split(' shares')[0],
                    stat.find_element_by_class_name("col-md-
12").text.split('tweets\n')
[1].split('likes\n0')[0],
                    stat.find_element_by_class_name("col-md-
12").text.split('1's\n')[1].split(' pins')[0],
                    stat.find_element_by_class_name("col-md-
12").text.split('pins\n')[1]))
```

接下来，我们将它放入一个数据框。

```
df = pd.DataFrame(all_data, columns=['title', 'link', 'fb', 'lnkdn',
'pins', 'date'])
df
```

上述代码生成图 6-3 的输出。

	标题	链接	fb	lnkdn	pins	日期
0	Walker flap exposes GOP rift on Iowa's sacred status - CNN	http://www.ruzzit.com/en-US/Redirect/Link?media=653892	1.2M	1,911	8,693	18/3/2015 18:41
1	What Career Should You Actually Have? - BuzzFeed	http://www.ruzzit.com/en-US/Redirect/Link?media=1928328	5.1M	1,559	10.9k	24/1/2016 21:00
2	What State Do You Actually Belong In? - BuzzFeed	http://www.ruzzit.com/en-US/Redirect/Link?media=1927663	4.1M	76	5,465	24/1/2016 15:15
3	Which "Grease" Pink Lady Are You? - BuzzFeed	http://www.ruzzit.com/en-US/Redirect/Link?media=1960941	3M	0	2,760	1/2/2016 03:46

图 6-3

这是一个好的开始，但我们需要清理数据。你会注意到所有的链接都是通过 ruzzit.com 的重定向。我们将通过跟踪链接，检索原始站点的链接来解决这个问题，具体如下。

```
df = df.assign(redirect = df['link'].map(lambda x: requests.get(x).url))
```

此行代码使用 requests 库检索故事的真实 URL（重定向之后的），如图 6-4 所示。

链接	fb	lnkdn	pins	日期	重定向后的链接
http://www.ruzzit.com/en-US/Redirect/Link?media=653892	1.2M	1,911	8,693	18/3/2015 18:41	http://www.cnn.com/
http://www.ruzzit.com/en-US/Redirect/Link?media=1928328	5.1M	1,559	10.9k	24/1/2016 21:00	http://www.buzzfeed.com/ashleyperez/what-career-should-you-have
http://www.ruzzit.com/en-US/Redirect/Link?media=1927663	4.1M	76	5,465	24/1/2016 15:15	http://www.buzzfeed.com/awesomer/what-state-do-you-actually-belong-in
http://www.ruzzit.com/en-US/Redirect/Link?media=1960941	3M	0	2,760	1/2/2016 03:46	http://www.buzzfeed.com/louispeitzman/which-grease-pink-lady-are-you

图 6-4

如果现在检查数据框 DataFrame，我们可以看到该网站的原始链接。你会注意到在第一行有 CNN 的主页。仔细研究后，发现有 17 个故事指向某个网站的主页。这是因为它们已被删除。另一个原因是一些链接指向的是图像而不是文章。

以下代码将识别这两个问题，并删除有问题的行。

```python
def check_home(x):
    if '.com' in x:
        if len(x.split('.com')[1]) < 2:
            return 1
        else:
            return 0
    else:
        return 0
def check_img(x):
    if '.gif' in x or '.jpg' in x:
        return 1
    else:
        return 0
df = df.assign(pg_missing = df['pg_missing'].map(check_home))
df = df.assign(img_link = df['redirect'].map(check_img))
dfc = df[(df['img_link']!=1)&(df['pg_missing']!=1)]
dfc
```

上述代码生成图 6-5 的输出。

	标题	链接	fb	lnkdn	pins	日期
1	What Career Should You Actually Have? - BuzzFeed	http://www.ruzzit.com/en-US/Redirect/Link?media=1928328	5.1M	1,559	10.9k	24/1/2016 21:00
2	What State Do You Actually Belong In? - BuzzFeed	http://www.ruzzit.com/en-US/Redirect/Link?media=1927663	4.1M	76	5,465	24/1/2016 15:15
3	Which "Grease" Pink Lady Are You? - BuzzFeed	http://www.ruzzit.com/en-US/Redirect/Link?media=1960941	3M	0	2,760	1/2/2016 03:46

图 6-5

现在让我们进行下一步，获取完整的文章和其他元数据。就如上一章，我们将使用 embed.ly 中的 API 接口。如果对于其设置你需要帮助，请返回前一章参看详细介绍。这里将使用 embed.ly 来检索文章的标题、HTML 和一些附加数据，例如引用和图像。

```
def get_data(x):
    try:
        data = requests.get('https://api.embedly.com/1/extract?
        key=SECRET_ KEY7&url=' + x)
        json_data = json.loads(data.text)
        return json_data
except:
        print('Failed')
        return None
dfc = dfc.assign(json_data = dfc['redirect'].map(get_data))
dfc
```

上述代码生成图 6-6 的输出。

pg_missing	img_link	json_data
0	0	{'type': 'html', 'lead': None, 'favicon_colors': [{'weight': 0.6704101562, 'color': [233, 52, 37]}, {'weight': 0.3295898438, 'color': [249, 249, 249]}], 'original_url': 'http://www.buzzfeed.com/as...
0	0	{'type': 'html', 'lead': None, 'favicon_colors': [{'weight': 0.6704101562, 'color': [233, 52, 37]}, {'weight': 0.3295898438, 'color': [249, 249, 249]}], 'original_url': 'http://www.buzzfeed.com/aw...
0	0	{'type': 'html', 'lead': None, 'favicon_colors': [{'weight': 0.6704101562, 'color': [233, 52, 37]}, {'weight': 0.3295898438, 'color': [249, 249, 249]}], 'original_url': 'http://www.buzzfeed.com/lo...

图 6-6

现在每篇文章都有一列 JSON 数据。这里将解析这个 JSON 数据，抽取出我们有兴趣探索的每个特征列。先从基本信息开始：网站、标题、HTML 和图片数量。

```python
def get_title(x):
    try:
        return x.get('title')
    except:
        return None
def get_site(x):
    try:
        return x.get('provider_name')
    except:
        return None
def get_images(x):
    try:
        return len(x.get('images'))
    except:
        return None
def get_html(x):
    try:
        return x.get('content')
    except:
        return None
dfc = dfc.assign(title = dfc['json_data'].map(get_title))
dfc = dfc.assign(site = dfc['json_data'].map(get_site))
dfc = dfc.assign(img_count = dfc['json_data'].map(get_images))
dfc = dfc.assign(html = dfc['json_data'].map(get_html))
dfc
```

上述代码生成图 6-7 的输出。

html
`<div>\n<p>`I've heard the assertion made time and time again: Being a stay-at-home mom is not akin to They're right. I'm not ...
`<div>\n<p>`Astronomers have spotted a strange mess of objects whirling around a distant star. Scientist closer look. `</p>\n<p>`...

图 6-7

大多数行都成功抽取了页面的 HTML 内容，但是有一些却没有返回任何值。检查了空白的行之后，我们发现它们似乎主要来自 BuzzFeed 这个网站。这是合理的，因为这种页面主要是图片和小测验。这是一个小小的烦恼，我们不得不将就着用一下。

现在让我们取出 HTML 并将其转换为文本。这里将使用 BeautifulSoup 库为我们实现这个目标。

```python
from bs4 import BeautifulSoup
def text_from_html(x):
    try:
        soup = BeautifulSoup(x, 'lxml')
        return soup.get_text()
    except:
        return None
dfc = dfc.assign(text = dfc['html'].map(text_from_html))
dfc
```

上述代码生成图 6-8 的输出。

现在添加额外的特征。我们将添加页面上第一个图像中最突出的颜色。由 embed.ly 生成的 JSON 数据保存了每个图像的 RGB 值，这些值体现了对应图像的颜色，所以这将是一个简单的任务。

text
\nI've heard the assertion made time and time again: Being a stay-at-home mom is not akin to having a "real" job. And as a stay-at-home mom, I'm here to tell you... They're right. I'm not sure why...
\nAstronomers have spotted a strange mess of objects whirling around a distant star. Scientists who search for extraterrestrial civilizations are scrambling

图 6-8

```python
import matplotlib.colors as mpc
def get_rgb(x):
    try:
        if x.get('images'):
            main_color = x.get('images')[0].get('colors') [0].get('color')
            return main_color
    except:
        return None
def get_hex(x):
    try:
        if x.get('images'):
            main_color = x.get('images')[0].get('colors') [0].get('color')
            return mpc.rgb2hex([(x/255) for x in main_color])
    except:
        return None
dfc = dfc.assign(main_hex = dfc['json_data'].map(get_hex))
dfc = dfc.assign(main_rgb = dfc['json_data'].map(get_rgb))
dfc
```

上述代码生成图 6-9 的输出。

文本	主图RGB值	主图十六进制值
\nI've heard the assertion made time and time again: Being a stay-at-home mom is not akin to having a "real" job. And as a stay-at-home mom, I'm here to tell you... They're right. I'm not sure why...	[243, 245, 245]	#f3f5f5
\nAstronomers have spotted a strange mess of objects whirling around a distant star. Scientists who search for extraterrestrial civilizations are scrambling	[19, 19, 19]	#131313

图 6-9

我们提取出第一个图像中最突出的颜色并保存其 RGB 值，同时也将其转换为 HEX 十六进制值。稍后检查图像颜色的时候也会使用这个信息。

我们几乎完成了数据的处理部分，不过还需要转换一些从 Ruzzit 获取的数字。我们所拥有的分享次数是用于显示目的，而不是用于分析的格式，如图 6-10 所示。

	标题	链接	fb	lnkdn	pins	日期
1	What Career Should You Actually Have? - BuzzFeed	http://www.ruzzit.com/en-US/Redirect/Link?media=1928328	5.1M	1,559	10.9k	24/1/2016 21:00
2	What State Do You Actually Belong In? - BuzzFeed	http://www.ruzzit.com/en-US/Redirect/Link?media=1927663	4.1M	76	5,465	24/1/2016 15:15
3	Which "Grease" Pink Lady Are You? - BuzzFeed	http://www.ruzzit.com/en-US/Redirect/Link?media=1960941	3M	0	2,760	1/2/2016 03:46

图 6-10

我们需要清理 fb、lnkdn、pins 和 date（日期）列，将它们从字符串表示转化为数字类型，如下所示。

```
def clean_counts(x):
    if 'M' in str(x):
        d = x.split('M')[0]
        dm = float(d) * 1000000
        return dm
```

```
    elif 'k' in str(x):
        d = x.split('k')[0]
        dk = float(d.replace(',','')) * 1000
        return dk
    elif ',' in str(x):
        d = x.replace(',','')
        return int(d)
    else:
        return x
dfc = dfc.assign(fb = dfc['fb'].map(clean_counts))
dfc = dfc.assign(lnkdn = dfc['lnkdn'].map(clean_counts))
dfc = dfc.assign(pins = dfc['pins'].map(clean_counts))
dfc = dfc.assign(date = pd.to_datetime(dfc['date'], dayfirst=True))
dfc
```

上述代码生成图 6-11 的输出。

	标题	链接	fb	lnkdn	pins	日期
1	What Career Should You Actually Have?	http://www.ruzzit.com/en-US/Redirect/Link?media=1928328	5100000	1559	10900	2016-01-24 21:00:00
2	What State Do You Actually Belong In?	http://www.ruzzit.com/en-US/Redirect/Link?media=1927663	4100000	76	5465	2016-01-24 15:15:00

图 6-11

最后，我们将添加最后一个特征，每列的字数统计。我们可以通过空格来切分文本，然后采取最终的计数。操作如下。

```
def get_word_count(x):
    if not x is None:
        return len(x.split(' '))
    else:
        return None
dfc = dfc.assign(word_count = dfc['text'].map(get_word_count))
dfc
```

上述代码生成图 6-12 的输出。

随着我们的数据准备就绪，现在可以开始进行分析了。我们将尝试寻找什么样的特征会使内容具有更高的传播度。

文本	字数
\nI've heard the assertion made time and time again: Being a stay-at-home mom is not akin to having a "real" job. And as a stay-at-home mom, I'm here to tell you... They're right. I'm not sure why...	495
\nAstronomers have spotted a strange mess of objects whirling around a distant star. Scientists who search for extraterrestrial civilizations are scrambling to get a closer look. \n\n\nKevin Mor...	211
\nWhat would you say if you found out that our public schools were teaching children that it is not true that it's wrong to kill people for fun or cheat on tests? Would you be surprised?\nI was. A...	1360
\nAre you mindlessly twisting your hair or biting your nails as you read this article? New research from the University of Montreal suggests that compulsive behaviors like these might say more abo...	548

图 6-12

6.3　探索传播性的特征

我们在这里收集的故事代表了在过去一年中，大约 500 个传播度最高的作品。我们将尝试解构这些文章来寻找使它们广为流传的共同特征。先从图像数据开始。

6.3.1　探索图像数据

让我们来看看每个故事中包含的图片数量。我们运行一个数值统计，然后绘制图表。

```
dfc['img_count'].value_counts().to_frame('count')
```

上述代码生成图 6-13 的输出。

现在，让我们绘制这些信息。

```
fig, ax = plt.subplots(figsize=(8,6))
y = dfc['img_count'].value_counts().sort_index()
x = y.sort_index().index
plt.bar(x, y, color='k', align='center')
plt.title('Image Count Frequency', fontsize=16, y=1.01)
ax.set_xlim(-.5,5.5)
ax.set_ylabel('Count')
ax.set_xlabel('Number of Images')
```

	数量
5	342
4	37
2	36
1	36
3	30
0	1

图 6-13

上述代码生成图 6-14 的输出。

图 6-14 中的数字已经令人惊讶了。绝大多数的故事里都有五张图片，而只有一张甚至没有图片的故事是相当罕见的。

因此，我们发现人们倾向于分享包含大量图片的内容。下面来看看这些图像中最常见的颜色。

```
mci = dfc['main_hex'].value_counts().to_frame('count')
mci
```

上述代码生成图 6-15 的输出。

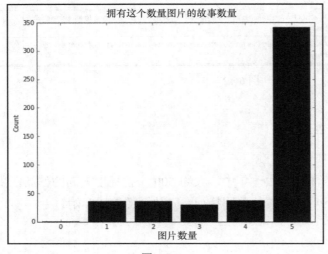

	次数
#f8fbfa	3
#c4c4c4	3
#39546c	2
#f6fafb	2
#c6b7b5	2
#312c27	2
#f1f3f1	2
#070603	2
#3dd876	2
#f4f8f9	2

图 6-14　　　　　　　　　　　　　　　　　图 6-15

图 6-15 看上去不是很有帮助，因为我们并不理解 HEX 值代表什么颜色。不过，这里可以使用 pandas 中的一个新功能，称为 conditional formatting，它可以帮助我们。

```
mci['color'] = ' '
def color_cells(x):
    return 'background-color: ' + x.index
mci.style.apply(color_cells, subset=['color'], axis=0)
mci
```

上述代码生成图 6-16 的输出。

这当然很有帮助。我们可以看到一些颜色，例如淡蓝色、黑色和绿色（这里是以灰度渲染的），但颜色的粒度是如此之细，总共有超过 450 个唯一的值。让我们使用一点聚类的技术将其转化成更容易管理的范围。由于这里有每个颜色的 RBG 值，我们可以创建一个三维空间，并使用 K-means 算法来聚集它们。我不会在这里讨论算法的细节，不过它是一个相当简单的迭代算法，它通过测量每个数据点到到中心点的距离来生成聚类，并迭代式地重复该过程。算法需要我们选择 k 的值，或者说是期望的聚类数量。由于 RGB 值的范围是从 0 到 256，我们将使用 256 的平方根，也就是 16。如此一来，我们可获得一个可管理的数量，同时保留调色板的特点。

我们首先将 RGB 值拆分成单独的列，如下所示。

```
def get_csplit(x):
    try:
        return x[0], x[1], x[2]
    except:
        return None, None, None
dfc['reds'], dfc['greens'], dfc['blues'] =
zip(*dfc['main_rgb'].map (get_csplit))
```

接下来，我们将使用它来运行我们的 K-means 模型并获取中心值。

```
from sklearn.cluster import KMeans
clf = KMeans(n_clusters=16)
clf.fit(dfc[['reds', 'greens', 'blues']].dropna())
clusters = pd.DataFrame(clf.cluster_centers_, columns=['r', 'g', 'b'])
clusters
```

上述代码生成图 6-17 的输出。

	次数	颜色
#f8fbfa	3	
#c4c4c4	3	
#39546c	2	
#f6fafb	2	
#c6b7b5	2	
#312c27	2	
#f1f3f1	2	
#070603	2	
#3dd876	2	
#f4f8f9	2	

	r	g	b
0	191.235294	161.705882	135.941176
1	32.825397	31.507937	36.603175
2	213.357143	217.607143	215.017857
3	108.583333	105.000000	94.000000
4	82.583333	145.083333	152.666667
5	13.533333	14.733333	17.422222
6	238.509091	242.472727	242.309091
7	1.600000	82.000000	156.200000
8	132.714286	56.428571	30.857143
9	79.842105	69.026316	63.473684

图 6-16　　　　　　　　　　　　　　图 6-17

现在，从每页的首张图片中，我们获得了 16 个最受欢迎的主流颜色。接下来使用 pandas 的 DataFrame.style() 方法以及我们刚刚创建的为单元格填色的函数，来看看这些主流颜色长什么样子。这里需要将索引设置为等于三列中十六进制值那列，以使用我们的 color_cells 函数，具体如下。

```
def hexify(x):
    rgb = [round(x['r']), round(x['g']), round(x['b'])]
    hxc = mpc.rgb2hex([(x/255) for x in rgb])
    return hxc
clusters.index = clusters.apply(hexify, axis=1)
clusters['color'] = ' '
clusters.style.apply(color_cells, subset=['color'], axis=0)
```

上述代码生成图 6-18 的输出。

	r	g	b	颜色
#bfa288	191.235294	161.705882	135.941176	
#212025	32.825397	31.507937	36.603175	
#d5dad7	213.357143	217.607143	215.017857	
#6d695e	108.583333	105.0	94.0	
#539199	82.583333	145.083333	152.666667	
#0e0f11	13.533333	14.733333	17.422222	
#eff2f2	238.509091	242.472727	242.309091	
#02529c	1.6	82.0	156.2	
#85381f	132.714286	56.428571	30.857143	
#50453f	79.842105	69.026316	63.473684	
#b0bec4	176.157895	190.315789	196.263158	
#d4beab	211.888889	189.555556	170.611111	
#96886f	149.818182	136.227273	111.136364	
#909a9d	144.434783	154.478261	156.521739	
#d93733	217.25	55.25	50.75	
#354967	52.545455	72.636364	103.272727	

图 6-18

那么，你看到了。这些是广为流传的内容中最常见的颜色（至少在第一张图像中）。比预期更单调一点：虽然有一些蓝色和红色，但多数还是棕色这种灰蒙蒙的色调。

现在让我们继续检视故事的标题。

6.3.2　探索标题

我们将从创建一个函数开始，使用它来检查最常见的元组。将其设置好之后，将来在正文上也可以使用它。

```
from nltk.util import ngrams
from nltk.corpus import stopwords
import re
def get_word_stats(txt_series, n, rem_stops=False):
    txt_words = []
    txt_len = []
    for w in txt_series:
        if w is not None:
            if rem_stops == False:
                word_list = [x for x in ngrams(re.findall('[a-z0-
```

```
                  9']+', w.lower()), n)]
            else:
                word_list = [y for y in ngrams([x for x in
                re.findall('[a-z0-9]+', w.lower())\
                if x not in stopwords.words('english')], n)]
                word_list_len = len(list(word_list))
                txt_words.extend(word_list)
                txt_len.append(word_list_len)
    return pd.Series(txt_words).value_counts().to_frame('count'),
    pd.DataFrame (txt_len, columns=['count'])
```

这里有很多要解释，所以让我们逐步分析。我们创建了一个函数并接收 Series、一个整数和一个布尔值作为输入。整数决定了我们将用于 n 元语法解析的 n，而布尔值决定我们是否排除停用词。函数返回每行[1]的元组[2]数目和每个元组的频率。

下面让我们在标题上运行这个函数，暂时保持停用词。先从一元语法开始。

```
hw,hl = get_word_stats(dfc['title'], 1, 0)
hl
```

上述代码生成图 6-19 的输出。

现在，每个标题的字数都有了，让我们来看看其统计信息。

```
hl.describe()
```

上述代码生成图 6-20 的输出。

	字数
0	6
1	18
2	14
3	16
4	11
5	11
6	14
7	11
8	10
9	6

	字数
数量	482.000000
平均值	10.948133
标准差	3.436294
最小值	1.000000
25%	9.000000
50%	11.000000
75%	13.000000
最大值	25.000000

图 6-19　　　　　　　　　　　　图 6-20

---

① 译者注：也就是每篇文章。

② 译者注：这里的元组是指 n 元语法生成的元组。

我们可以看到传播广泛的故事其标题长度的中位数恰好在 11 个字。让我们来看看最常用的那些单词，如图 6-21 所示。

这种信息不是很有价值，但它符合我们的期望。让我们来看看二元语法的同类信息。

```
hw,hl = get_word_stats(dfc['title'], 2, 0)
hw
```

上述代码生成图 6-22 的输出。

	字数
(the,)	144
(to,)	130
(a,)	122
(of,)	86
(in,)	85
(is,)	68
(you,)	68
(and,)	65
(that,)	43
(will,)	42

图 6-21

	次数
(pictures, that)	11
(that, will)	9
(of, the)	8
(dies, at)	8
(people, who)	8
(in, the)	8
(in, a)	8
(that, are)	7
(how, to)	7
(donald, trump)	7

图 6-22

这肯定是更有趣。从中可以看到标题中的某些部分反复出现。最突出的两个是(donald, trump[1])和(die, at)。Trump 是有道理的，因为他做了一些抓眼球的声明，但令人惊讶的是看到关于死亡的标题。快速浏览过去一年的头条新闻，发现一些知名人物最近去世了，所以这也有一定的意义。

现在让我们去掉停用词，再次运行代码。

```
hw,hl = get_word_stats(dfc['title'], 2, 1)
hw
```

上述代码生成图 6-23 的输出。

再次，我们看到了许多期待的东西。看起来如果我们改变数字的解析方式（用单个标识符，例如[number]，来替换每一个数字），可能会看到更多这样的元组排名靠前。如果你愿意尝试，我会把这个练习留给你。

让我们再来看看三元语法。

```
hw,hl = get_word_stats(dfc['title'], 3, 0)
```

---

① 译者注：Donald Trump 是美国 2016 年总统大选的候选人之一。

上述代码生成图 6-24 的输出。

	次数
(donald, trump)	7
(year, old)	5
(community, post)	5
(fox, news)	4
(white, people)	4
(cnn, com)	4
(19, things)	4
(things, you'll)	4
(going, viral)	3
(23, things)	3

图 6-23

	次数
(that, will, make)	4
(for, people, who)	4
(that, are, too)	3
(a, woman, is)	3
(ring, of, fire)	3
(dies, at, 83)	3
(are, too, real)	3
(you, need, to)	3
(of, fire, network)	3
(pictures, that, will)	3

图 6-24

看来，元组包括的词语越多，标题越来越像经典的 BuzzFeed 风格。让我们看看事实是否如此。我们还没看过哪个网站产生的病毒式传播故事最多，这里通过图表来看看 BuzzFeed 是否领先。

```
dfc['site'].value_counts().to_frame()
```

上述代码生成图 6-25 的输出。

	站点
BuzzFeed	131
The Huffington Post	56
Nytimes	35
Upworthy	24
IFLScience	20
Washington Post	15
Mashable	13
Mic	11
Western Journalism	8
Business Insider	8
the Guardian	6
CNN	6
The Atlantic	6
BuzzFeed Community	5
Fox News	5
Rolling Stone	4

图 6-25

我们可以清楚地看到，BuzzFeed 在名单中占主导地位，和第二位 Huffington Post 拉开了明显的距离，而这个网站也有 Jonah Peretti 的参与。看起来研究病毒式传播的科学可以产生巨大的收益。

到目前为止，我们已经检视了图像和标题，接下来继续观察故事的正文。

6.3.3   探索故事的内容

在上一节中，我们创建了一个函数来发现故事标题中常见的 n 元语法，现在应用这个函数来探索故事的完整内容。

我们将这样开始：去除停用词，使用二元组。因为与故事主体相比，标题是非常短小的，所以包含停止词是有一定意义的，但在故事正文中，通常去除它们是更合理的做法。

```
hw,hl = get_word_stats(dfc['text'], 2, 1)
hw
```

上述代码生成图 6-26 的输出。

有趣的是，我们在标题中看到的轻松愉快的元组在这里完全消失了。正文充满了关于恐怖主义、政治和种族关系的讨论。

标题的内容是轻松愉快的，而正文的内容却是黑暗而富有争议的，这怎么可能？我的猜测是 "13 Puppies Who Look Like Elvis" 比 "The History of US Race Relations" 这类文章的字数要少的多[①]。

让我们再来看看一个实验。这次将评估故事正文的三元组。

```
hw,hl = get_word_stats(dfc['text'], 3, 1)
hw
```

上述代码生成图 6-27 的输出。

我们似乎突然进入了广告和社交活动的领域。有了这些，让我们继续构建内容评分的预测模型。

---

① 译者注：作者的意思是标题通常长度都非常短，而正文的长度相互之间差异很大，所以造成了统计结果迥然。

	次数
(islamic, state)	160
(united, states)	126
(year, old)	121
(new, york)	91
(social, media)	60
(years, ago)	57
(white, people)	51
(first, time)	49
(bernie, sanders)	45
(don't, want)	44
(last, year)	43
(every, day)	43
(black, people)	40
(climate, change)	39
(don't, know)	39
(many, people)	38
(two, years)	37
(president, obama)	36

图 6-26

	次数
(advertisement, story, continues)	32
(articles, buzzfeed, com)	27
(check, articles, buzzfeed)	27
(buzzfeed, com, tagged)	21
(new, york, times)	19
(via, upward, spiral)	17
(pic, twitter, com)	17
(new, york, city)	16
(every, single, day)	16
(follow, us, twitter)	15
(like, us, facebook)	14
(g, m, o)	13
(facebook, follow, us)	13
(us, facebook, follow)	13
(may, like, conversations)	12
(playstation, 5, xbox)	12
(5, xbox, two)	12

图 6-27

6.4　构建内容评分的预测模型

现在让我们使用所学到的东西来创建一个模型，它可以根据给定的内容，预估其被分享的次数。我们将使用前文已经创建的特征，以及几个额外的特征。

理想情况下，我们需要一个更大的内容样本，特别是有更多分享次数的内容。尽管这样，我们还是就手头上的数据进行操作。

我们将使用一种称为随机森林回归（random forest regression）的算法。在前面的章节中，我们看过随机森林一个更典型的实现，就是基于分类的模型。而这里，我们将使用回归并尝试预测分享的次数。当然，我们也可以将分享次数划分为不同的范围，转化成分类问题，但是对于连续变量的处理，最好还是使用回归的技术。

首先，我们将创建一个极其简单的模型。使用的特征包括图像的数量、网站和字数。

我们将使用 Facebook 的 Like 数来训练模型。

首先导入 sci-kit 学习库，然后这样预处理数据：删除包含 null 值的行，重置行的索引编号，最后将数据框切分为训练集和测试集。

```python
from sklearn.ensemble import RandomForestRegressor
all_data = dfc.dropna(subset=['img_count', 'word_count'])
all_data.reset_index(inplace=True, drop=True)
train_index = []
test_index = []
for i in all_data.index:
    result = np.random.choice(2, p=[.65,.35])
    if result == 1:
        test_index.append(i)
    else:
        train_index.append(i)
```

我们使用一个随机数生成器来确定哪些行的内容（基于它们的索引）将被放置在哪个集合中，其概率的分配大约为 2/3 和 1/3。设定这样的概率，可以确保我们获得的训练样本数量约为测试样本数量的两倍。如下所示，我们可以将其打印出来。

```python
print('test length:', len(test_index), '\ntrain length:', len(train_index))
```

上述代码生成图 6-28 的输出。

```
test length: 140
train length: 245
```

图 6-28

现在，我们将继续准备数据。接下来，需要为不同的网站设置分类型的编码。目前，DataFrame 对象含有每个站点用字符串表示的名称。我们需要使用虚构的编码。这将为每个站点创建一个列。如果该行源于该特定的网站，那么该列将用 1 填充；所有对应其他网站的列用 0 填充。如下处理。

```python
sites = pd.get_dummies(all_data['site'])
sites
```

上述代码生成图 6-29 的输出。

虚构的编码可以在图 6-29 中看到。

现在我们继续将数据分成训练集和测试集，如下所示。

```python
y_train = all_data.iloc[train_index]['fb'].astype(int)
X_train_nosite = all_data.iloc[train_index][['img_count', 'word_count']]
X_train = pd.merge(X_train_nosite, sites.iloc[train_index],
left_index=True, right_index=True)
y_test = all_data.iloc[test_index]['fb'].astype(int)
X_test_nosite = all_data.iloc[test_index][['img_count', 'word_count']]
X_test = pd.merge(X_test_nosite, sites.iloc[test_index], left_index=True,
right_index=True)
```

	ABC News	Asbury Park Press	BBC News	Bloomberg.com	Boredom Therapy	Breitbart	Business Insider	BuzzFeed	BuzzFeed Community	CNN	...	Well	Western Journalism	Windsor News - Breaking News & Latest Headlines | Windsor Star	Wise Mind Healthy Body
0	0	0	0	0	0	0	0	1	0	0	...	0	0	0	0
1	0	0	0	0	0	0	0	1	0	0	...	0	0	0	0
2	0	0	0	0	0	0	0	0	0	0	...	0	0	0	0
3	0	0	0	0	0	0	0	0	0	0	...	0	0	0	0
4	0	0	0	0	0	0	0	1	0	0	...	0	0	0	0
5	0	0	0	0	0	0	0	0	0	0	...	0	0	0	0
6	0	0	0	0	0	0	0	1	0	0	...	0	0	0	0
7	0	0	0	0	0	0	0	0	0	0	...	0	0	0	0
8	0	0	0	0	0	0	0	0	0	0	...	0	0	0	0
9	0	0	0	0	0	0	0	0	0	0	...	0	0	0	0
10	0	0	1	0	0	0	0	0	0	0	...	0	0	0	0
11	0	0	0	0	0	0	0	1	0	0	...	0	0	0	0
12	0	0	0	0	0	0	0	0	0	0	...	0	0	0	0
13	0	0	0	0	0	0	0	1	0	0	...	0	0	0	0
14	0	0	0	0	0	0	0	0	0	0	...	0	0	0	0
15	0	0	0	0	0	0	0	0	0	0	...	0	0	0	0

图 6-29

这样，我们设置了 X_test、X_train、y_test 和 y_train 变量。现在使用它们构建模型。

```
clf = RandomForestRegressor(n_estimators=1000)
clf.fit(X_train, y_train)
```

通过这两行代码，我们训练了模型。下面，使用这个模型来预测测试集中的数据，能够收获多少 Facebook 的 Like。

```
y_actual = y_test
deltas = pd.DataFrame(list(zip(y_pred, y_actual, (y_pred -
y_actual)/(y_actual))), columns=['predicted', 'actual', 'delta'])
deltas
```

上述代码生成图 6-30 的输出。

在这里，我们看到并排的预测值、实际值和差值百分比。下面看看这个结果的描述性统计。

```
deltas['delta'].describe()
```

上述代码生成图 6-31 的输出。

	预测值	实际值	差值百分比
0	290888.000000	395000	-0.263575
1	336476.000000	386000	-0.128301
2	276856.000000	383000	-0.277138
3	278293.000000	378000	-0.263775
4	208898.000000	352000	-0.406540
5	259866.000000	363000	-0.284116
6	262380.500000	1100000	-0.761472
7	318108.000000	360000	-0.116367
8	251200.000000	337000	-0.254599
9	310909.750000	336000	-0.074673

```
统计数量    140.000000
平均值        0.053903
标准差        0.587523
最小值       -0.774626
25%         -0.297857
50%          0.000637
75%          0.277858
最大值        2.982869
名称: delta, dtype: float64
```

图 6-30   图 6-31

这看起来很惊人。错误的中位数是 0！好吧，不幸的是，这不是一个特别有用的信息，因为在两侧正和负的错误都存在，并且它们会中和平均值，就是我们在这里所看的。让我们来看一个更具信息性的指标来评估这个模型。我们将把均方根误差（也就是标准差）比上实际平均值。

首先，来说明一下为什么这样计算更有价值，让我们在两个示例的数据序列上运行以下场景。

```
a = pd.Series([10,10,10,10])
b = pd.Series([12,8,8,12])
np.sqrt(np.mean((b-a)**2))/np.mean(a)
```

这将产生图 6-32 的输出。

现在将其与平均值进行比较。

```
(b-a).mean()
```

这将产生图 6-33 的输出。

0.20000000000000001	0.0

图 6-32   图 6-33

显然前者是更有意义的统计[1]。现在为我们的模型运行这个统计。

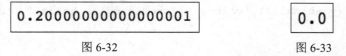

```
np.sqrt(np.mean((y_pred-y_actual)**2))/np.mean(y_actual)
```

---

① 译者注：作者的意思是，他所建议的统计方式更能体现数据的波动。

上述代码生成图 6-34 的输出。

突然发现，我们的模型没有那么优秀了[①]。让我们为
模型添加另一个特征。来看看添加单词的计数是否会有助

```
0.6934545982263226
```

图 6-34

于模型的提升。我们将使用计数的向量转化器来做到这一点。和之前对于网站名称的处理
很像，我们将单个词和 n 元语法转换成特征。

```
from sklearn.feature_extraction.text import CountVectorizer
vect = CountVectorizer(ngram_range=(1,3))
X_titles_all = vect.fit_transform(all_data['title'])
X_titles_train = X_titles_all[train_index]
X_titles_test = X_titles_all[test_index]
X_test = pd.merge(X_test, pd.DataFrame(X_titles_test.toarray(),
index=X_test.index), left_index=True, right_index=True)
X_train = pd.merge(X_train, pd.DataFrame(X_titles_train.toarray(),
index=X_train.index), left_index=True, right_index=True)
```

在这些代码行中，我们将新的 n 元语法特征加入到现有的特征中。现在重新训练模型，
看看是否有任何改进。

```
clf.fit(X_train, y_train)
y_pred = clf.predict(X_test)
deltas = pd.DataFrame(list(zip(y_pred, y_actual, (y_pred -
y_actual)/(y_actual))), columns=['predicted', 'actual', 'delta'])
deltas
```

上述代码生成图 6-35 的输出。

	预测值	实际值	差值
0	296150.000000	395000	-0.250253
1	261650.000000	392000	-0.332526
2	305240.000000	386000	-0.209223
3	212840.000000	378000	-0.436931
4	308080.000000	378000	-0.184974
5	254168.571429	374000	-0.320405
6	262640.000000	371000	-0.292075
7	224250.000000	366000	-0.387295
8	213500.000000	340000	-0.372059
9	273950.000000	337000	-0.187092

图 6-35

---

① 译者注：在这里，和平均值相比，较大的波动意味着较大的预测误差。

再次使用以下方式检查错误的情况。

```
np.sqrt(np.mean((y_pred-y_actual)**2))/np.mean(y_actual)
```

这将产生图 6-36 的输出。

看来模型有了一定的改进。让我们为模型继续添加一个特征。添加标题的字数如下。

```
all_data = all_data.assign(title_wc = all_data['title'].map(lambda x:
len(x.split(' '))))
X_train = pd.merge(X_train, all_data[['title_wc']], left_index=True,
right_index=True)
X_test = pd.merge(X_test, all_data[['title_wc']], left_index=True,
right_index=True)
clf.fit(X_train, y_train)
y_pred = clf.predict(X_test)
np.sqrt(np.mean((y_pred-y_actual)**2))/np.mean(y_actual)
```

上述代码生成图 6-37 的输出。

```
0.64352892438189691
```

图 6-36

```
0.641345263629002999
```

图 6-37

看来，每项特征都适度改进了我们的模型。当然还有更多可以添加到模型中的特征。例如，我们可以增加星期几发布和发布的具体时间，还可以通过在标题上运行正则表达式来确定某篇文章是否采用了清单体[①]，或者可以检查每篇文章的情绪。对于病毒式传播的建模而言，这些只是探索潜在重要的特征的开始。为了继续减少模型中的错误，我们肯定还需要不断进步。

我还应该提到，目前针对我们的模型只做了最粗略的测试。每种测量方法都应该运行多次以获得更准确的错误率表示。对于之前两个模型，可能并没不存在统计上可辨别的差异，因为我们只执行了一次测试。

6.5　小结

在本章中，我们研究了病毒式传播的共同特征，以及如何使用随机森林回归构建模型，并预测传播性。我们还学习了怎样结合多种类型的特征，以及如何将数据分成训练集和测试集。

希望你能利用这里学到的知识，建立下一个病毒式传播的王国。如果这还不行，也许下一章关于股市机会的掌控将会是非常有用的。

---

① 译者注：清单体（Listicle）是英文中的新词，它是现代信息传播最吸引眼球的方式之一。

第 7 章
使用机器学习预测股票市场

在生物学中，有一个相当知名的现象，称为红色皇后的竞赛。这个想法是每个有机体都加入一种不能获得巨大优势的竞争，而只是能够跟上不断变化的、充满对立生物的环境。

这个词来自 Lewis Carol 的 "Through the Looking Glass" 一书："现在，这里，你要理解，拼命的奔跑，你才可以保持在原地。"

这种现象的一个例子是耐抗生素的超级细菌之兴起，例如 MRSA。随着我们研发出越来越强大的抗生素，这些细菌也在进化越来越好的防御系统，以打败我们的药物。

这似乎和股票市场没什么关系，但是同样的现象每天都在金融市场出现。就像有生命的有机体那样，市场每天都在演化，今天还能成立的事情，明天可能就完全行不通了。

例如，一篇偶尔发布的报道会提醒金融界存在一种现象，该现象是基于某些有利可图的异常情况。通常这样现象是一些外部施加的、现实世界约束的下游效应。例如年终税收导致的亏损卖出。由于税法的性质，对于交易者而言，在年底卖出他们的亏损股票是很合理的。接近年底的时候，这将对亏损的股票产生价格下行的压力，使得该股票低于其合理的市场价值。这也意味着 1 月份来临的时候，下行的压力没有了，这种股票面临的是向上的压力，原因是新的资金再次投入这些被低估的资产。但是，一旦这种现象被广播，对于交易者而言，他们只有做到先行一步才有意义，也就是在 12 月底买入股票，并在 1 月卖给其他交易者。这些试图获得早期优势的新交易者，现在进入了市场并稀释了盈利的效果。

他们正在缓解年底的抛售压力，并减少了 1 月份的购买动力。这种效应本质上是随着利润一起套利。曾经奏效的操作不再灵验，交易者开始放弃这个战略，并继续寻找下一个新的事物。为了避免"不进则退"，交易者必须快速地适应。

在本章中，我们将花一些时间讨论如何构建和测试交易策略。不过，我们将花更多的时间，研究如何"不"这样做。在设计自己的系统时，有无数的陷阱需要规避，这几乎是一个不可能完成的任务。然而，这个过程可以有很多的乐趣——有时，它甚至可以创造利润。

我们将在本章讨论以下主题。

- 市场分析的类型。

- 关于股票市场，研究告诉我们些什么？

- 如何开发一个交易系统。

- 构建和评估你的机器学习模型。

请不要使用本章中的信息做傻事。不要拿你无法承受的金额去冒险。如果你决定使用任何这里学习的内容进行交易，你都要为自己的行为负责。这里所学的知识都不应该被视为任何类型的投资建议，我不会对你的行为承担任何责任。

7.1　市场分析的类型

刚开始，让我们先讨论一些涉及金融市场的关键术语和分析方法。虽然有无数的金融工具，如股票、债券、交易型开放式指数基金（ETF）、汇市、互惠掉换等，这里我们将讨论的内容限于股票和股票市场。股票只是上市公司所有权的一小部分。当公司的未来前景被看好时，人们就预期股票的价格会增长，而前景不被看好时，预期价格就会下跌。

投资者一般属于下列这两个阵营之一。第一阵营相信基本面的分析。基本面分析师通过公司的财务状况来寻找信息，查明市场对公司的股票是否低估。这些投资者关注各种因素，例如营收、盈利和现金流。他们也观察与这些值有关的许多比率。很多时候，这涉及查看两家公司财务对比的情况。

第二阵营的投资者是技术分析师。技术分析师认为股票的股价已经反映了所有可用的公共信息，而研究基本面很大程度上是浪费时间。他们相信，通过查阅历史价格——股票图表——一个人可以看到价格可能上涨、下跌或停滞不前的区间。一般来说，他们觉得这些图表为揭示投资者的心理提供了线索。

这两个群体的共同点是一个潜在的信念，它认为正确的分析可以让我们获得利润。不过，这是真的吗？

7.2 关于股票市场，研究告诉我们些什么

在过去 50 年中，股票市场最有影响力的理论也许是有效市场假设。这个理论是由 Eugene Fama 发明的，它认为市场是理性的，所有可用的信息都充分反映在股票价格上。因此，某位投资者不可能在风险调整的基础上始终"打败市场"。有效市场假说通常被认为具有三种形式：弱式、半强式和强式。

在弱式下，市场是有效的意义在于，投资者无法使用过去的价格信息来预测未来的价格。股票反映出的信息是相对较快的。此外，虽然技术分析是无效的，在某些情况下基本面分析可能是有效的。

在半强式中，价格以无偏的方式，立即反映出所有相关的最新公开信息。这种情况下，技术分析和基本面分析都无法奏效。最后，在强式中，股票价格反映所有公开和私密信息。

基于这些理论，想利用市场的模式来赚钱，希望并不大。幸运的是，虽然市场整体上是以有效的形态运作，但是人们还是发现了一些不太高效的地方。往往大多数现象都是短暂的，不过有些确是一直存在。最普遍的——即使是根据 Fama 的理论——是动量交易策略的优秀表现。

那么，什么是动量交易策略呢？其主旨有很多变体，但其基本思想是按照股票前一段时间的回报，将它们从高到低进行排名。买入表现最佳的股票并持有一段时间，然后在一定时期之后重复该过程。一个典型的长期动量交易策略可能是购买标准普尔 500 指数中，过去一年的表现排名前 25 的股票，持有它们一年，然后重复这个过程。

这听起来像一个极其简单的策略——确实如此。但是，它已经在不断地返回和人们预期不一致的结果。为什么呢？你可以想象，很多研究都有观测这种效应，其假设是关于人们如何处理新的信息，存在某些内在的、系统性的偏差。研究表明他们短期内对新闻反应不足，然而长期来看对新闻又反应过度了。

随着越来越多的交易者学习这个理论并涌入市场，这种效应会实现获利吗？近年来有一些证据显露出来，但仍不明朗。无论如何，其效果是真实的，并且持续时间远远超过有效市场假设当前所能解释的那部分，所以还有希望。有了这种微小的希望，让我们继续下一步，看看如何发现属于自己的异常。

7.3 如何开发一个交易策略

我们首先专注于技术方面，以此开始策略的研发。来看看在过去的几年中，标准普尔
500 指数的表现。我们将使用 pandas 的功能来导入数据。这让我们可以访问多个股票数据
来源，包括 Yahoo!和 Google。

首先，需要安装 datareader 包。这可以使用命令行通过 pip 安装：pip install
pandas_datareader。

然后，我们将继续设置包的导入，如下所示。

```
import pandas as pd
from pandas_datareader import data, wb
import matplotlib.pyplot as plt

%matplotlib inline
pd.set_option('display.max_colwidth', 200)
```

现在，我们将获取 SPY ETF 的数据。它代表了标准普尔 500 的股票。我们将拉取从 2010
年初到 2016 年 3 月初的数据。

```
import pandas_datareader as pdr

start_date = pd.to_datetime('2010-01-01')
stop_date = pd.to_datetime('2016-03-01')

spy = pdr.data.get_data_yahoo('SPY', start_date, stop_date)
```

上述代码生成图 7-1 的输出。

日期	开盘价	最高价	最低价	收盘价	成交量	调整收盘价
2010-01-04	112.370003	113.389999	111.510002	113.330002	118944600	100.323436
2010-01-05	113.260002	113.680000	112.849998	113.629997	111579900	100.589001
2010-01-06	113.519997	113.989998	113.430000	113.709999	116074400	100.659822
2010-01-07	113.500000	114.330002	113.180000	114.190002	131091100	101.084736
2010-01-08	113.889999	114.620003	113.660004	114.570000	126402800	101.421122
2010-01-11	115.080002	115.129997	114.239998	114.730003	106375700	101.562763
2010-01-12	113.970001	114.209999	113.220001	113.660004	163333500	100.615564
2010-01-13	113.949997	114.940002	113.370003	114.620003	161822000	101.465387
2010-01-14	114.489998	115.139999	114.419998	114.930000	115718800	101.739807

图 7-1

现在可以绘制这些数据了。我们只选择收盘价，如下所示。

```
spy_c = spy['Close']

fig, ax = plt.subplots(figsize=(15,10))
spy_c.plot(color='k')
plt.title("SPY", fontsize=20)
```

上述代码生成图 7-2 的输出。

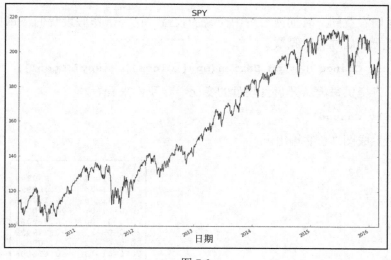

图 7-2

在图 7-2 中，我们看到了选定时期内，标准普尔 500 指数日收盘价的价格图。让我们进行一点分析，看看如果投资这个 ETF，该期间内的回报将是多少。

我们先拉取首个开盘日的数据。

```
first_open = spy['Open'].iloc[0]
first_open
```

上述代码生成图 7-3 的输出。

接下来，让我们得到该期间最后一天的收盘价。

```
last_close = spy['Close'].iloc[-1]
last_close
```

这将导致图 7-4 的输出。

112.370003   198.11000100000001

图 7-3   图 7-4

最后，让我们看看整个时期的变化。

`last_close - first_open`

上述代码生成图 7-5 的输出。

因此，看起来在这个时期开始的时候，购入 100 股股票会花费我们大约 11,237 美元，该时期结束时，相同的 100 股股份价值约为 19,811 美元。这笔交易将给我们带来超过 76% 的收益。相当不错了。

现在让我们看看同一时期内，盘中交易的收益。这个操作假设我们在每日开盘时买入股票，并在当天收盘时卖出股票。

`spy['Daily Change'] = pd.Series(spy['Close'] - spy['Open'])`

这行代码将提供每天从开盘到收盘的变化。让我们来看看。

`spy['Daily Change']`

上述代码生成图 7-6 的输出。

```
日期
2010-01-04     0.959999
2010-01-05     0.369995
2010-01-06     0.190002
2010-01-07     0.690002
2010-01-08     0.680001
2010-01-11    -0.349999
2010-01-12    -0.309997
2010-01-13     0.670006
2010-01-14     0.440002
2010-01-15    -1.090004
2010-01-19     1.439995
2010-01-20    -0.390000
2010-01-21    -2.220001
2010-01-22    -1.989998
2010-01-25    -0.440002
2010-01-26    -0.029998
2010-01-27     0.660004
2010-01-28    -1.620002
2010-01-29    -1.650002
2010-02-01     0.909996
2010-02-02     1.119995
2010-02-03    -0.049995
```

```
85.739998000000014
```

图 7-5

图 7-6

现在让我们将这段时期的变化加和。

`spy['Daily Change'].sum()`

上述代码生成图 7-7 的输出。

```
41.460173000000196
```

图 7-7

所以，你可以看到，我们的收益已经从超过 85 点的增长，下降到刚刚过 41 点的增长。哎哟！一半以上的市场收益来自于这段时期内整日整夜地持有股票。

隔夜交易的回报率优于盘中交易的回报率，但是波动性又如何呢？人们总是在风险调整的基础上判断回报的，所以让我们来看看基于标准差，隔夜交易和盘中交易相比较各自表现如何。

我们可以使用 NumPy 来计算盘中交易的标准差，具体如下。

```
np.std(spy['Daily Change'])
```

上述代码生成图 7-8 的输出。

现在，让我们计算隔夜交易的标准差。

```
spy['Overnight Change'] = pd.Series(spy['Open'] - spy['Close'].shift(1))
np.std(spy['Overnight Change'])
```

上述代码生成图 7-9 的输出。

1.1449966111357177	0.95281601518051173
图 7-8	图 7-9

因此，隔夜交易与盘中交易相比具有较低的波动性。然而，并不是所有的波动性都是相等的。让我们比较两种策略，在下跌交易日的平均变化。

首先，让我们来看看下跌交易日的每日变化。

```
spy[spy['Daily Change']<0]['Daily Change'].mean()
```

上述代码生成图 7-10 的输出。

现在，我们来看看下跌交易日的隔夜变化。

```
spy[spy['Overnight Change']<0]['Overnight Change'].mean()
```

上述代码生成图 7-11 的输出。

−0.90606707692307742	−0.66354681502086243
图 7-10	图 7-11

再次，我们看到隔夜交易策略的平均下降幅度小于盘中交易策略的。

到目前为止，我们都是观测的数据点，现来看看回报。这将有助于在更现实的背景下讨论我们的收益和损失。继续前面的三个策略[①]，我们将为每个场景构建一个 pandas 数据序列：每日回报（昨日收盘到今日收盘的价格变化）、盘中回报（当日开盘到收盘的价格变化）和隔夜回报（昨日收盘到今日开盘的价格变化），具体如下。

---

① 译者注：这里存在笔误，之前只提到了两个策略。

```
daily_rtn = ((spy['Close'] -
spy['Close'].shift(1))/spy['Close'].shift(1))*100
id_rtn = ((spy['Close'] - spy['Open'])/spy['Open'])*100
on_rtn = ((spy['Open'] - spy['Close'].shift(1))/spy['Close'].shift(1))*100
```

我们所做的是使用 pandas.shift() 方法以当天的数据序列减去前面一天的数据序列。例如，对于前面代码中的第一个 Series，每天我们从当日收盘价中减去前一日的收盘价。由于是计算差价，所以新的 Series 所包含的数据点会少一个。如果打印出新的 Series，你可以看到以下内容。

daily_rtn

上述代码生成图 7-12 的输出。

现在来看看所有三个策略的统计信息。我们将创建一个函数，它将接收每个回报的数据序列，然后打印出摘要性的结果。我们要得到每一次获利、亏损和盈亏平衡交易的统计数据，以及名为夏普比率（Sharpe ratio）的东西。我之前说过，回报是根据风险调整后的基础来判断的。这正是夏普比率将要提供给我们的。它是一种考虑回报的波动性，来比较回报的方法。这里，我们使用调整过的夏普比率来计算年化比率。

日期	
2010-01-04	NaN
2010-01-05	0.264709
2010-01-06	0.070406
2010-01-07	0.422129
2010-01-08	0.332777
2010-01-11	0.139655
2010-01-12	-0.932624
2010-01-13	0.844623
2010-01-14	0.270456
2010-01-15	-1.122423
2010-01-19	1.249559
2010-01-20	-1.016860
2010-01-21	-1.922910
2010-01-22	-2.229184
2010-01-25	0.512772
2010-01-26	-0.419057
2010-01-27	0.475715

图 7-12

```
def get_stats(s, n=252):
    s = s.dropna()
    wins = len(s[s>0])
    losses = len(s[s<0])
    evens = len(s[s==0])
    mean_w = round(s[s>0].mean(), 3)
    mean_l = round(s[s<0].mean(), 3)
    win_r = round(wins/losses, 3)
    mean_trd = round(s.mean(), 3)
    sd = round(np.std(s), 3)
    max_l = round(s.min(), 3)
    max_w = round(s.max(), 3)
    sharpe_r = round((s.mean()/np.std(s))*np.sqrt(n), 4)
    cnt = len(s)
    print('Trades:', cnt,\
          '\nWins:', wins,\
          '\nLosses:', losses,\
          '\nBreakeven:', evens,\
          '\nWin/Loss Ratio', win_r,\
```

```
'\nMean Win:', mean_w,\
'\nMean Loss:', mean_l,\
'\nMean', mean_trd,\
'\nStd Dev:', sd,\
'\nMax Loss:', max_l,\
'\nMax Win:', max_w,\
'\nSharpe Ratio:', sharpe_r)
```

现在让我们在每个策略上运行相关的代码并查看统计信息。这里将从买入并持有的策略（每日回报）开始，然后再切换到另外两个，具体如下。

```
get_stats(daily_rtn)
```

上述代码生成图 7-13 的输出。

```
get_stats(id_rtn)
```

上述代码生成图 7-14 的输出。

```
交易次数：1549
盈利次数：844
亏损次数：699
盈亏平衡次数：6
盈利/亏损比例        1.207
盈利的平均值：0.691
亏损的平均值：-0.743
平均收益0.041
标准差：1.009
最大亏损：-6.512
最大盈利4.65
夏普比率：0.6477
```

图 7-13

```
交易次数：1550
盈利次数：851
亏损次数：689
盈亏平衡次数：10
盈利/亏损比例1.235
盈利的平均值：0.517
亏损的平均值：-0.59
平均收益0.021
标准差：0.758
最大亏损：-4.175
最大盈利：3.683
夏普比率：0.4472
```

图 7-14

```
get_stats(on_rtn)
```

上述代码生成图 7-15 的输出。

如你所见，在三个策略中，买入并持有的策略具有最高的平均回报率以及最高的回报率标准差。它也包含了最大的单日下跌（亏损）。还有一点值得注意的是，即使隔夜策略和盘中策略有着几乎相同的平均回报，其波动性明显较小。因此，隔夜策略的夏普比率要高于盘中策略的。

到目前阶段，我们拥有一个相当不错的基准线了，可以用它来比较我们后续的策略。现在，我要告诉你一个新的策略，它将绝对性地击败目前所有的三个策略。

让我们来看看这个新的神秘策略的统计数据，如图 7-16 所示。

```
交易次数：1549
盈利次数：821
亏损次数：720
盈亏平衡次数：8
    盈利/亏损比例1.14
盈利的平均值：0.421
亏损的平均值：-0.437
平均收益0.02
    标准差：0.63
    最大亏损：-5.227
    最大盈利：4.09
    夏普比率：0.5071
```

图 7-15

```
交易次数：1549
盈利次数：454
亏损次数：340
盈亏平衡次数：755
    盈利/亏损比例1.335
盈利的平均值：0.684
亏损的平均值：-0.597
平均收益0.07
    标准差：0.663
    最大亏损：-3.46
    最大盈利：5.93
    夏普比率：1.6675
```

图 7-16

有了这个策略，我的夏普比率几乎是买入并持有策略的三倍，并明显地降低了波动性，增加了最大收益，并将最大损失降低近一半。

我是如何设计这种战胜市场的策略的？请稍等一下……在测试的时间段内，对于隔夜策略我生成了 1,000 次随机信号（买入或者不买入），然后选择表现最好的一个。这给了我最好的 1000 次随机信号组合。

这显然不是战胜市场的方式。那么，为什么我这样做呢？我这样做是为了证明，如果你测试足够多的策略，事实是你偶然会遇到一些似乎是很棒的策略。这就是所谓的数据挖掘谬误，是交易策略开发中的真正风险。这就是为什么某个策略和现实世界的行为相对应是如此的重要——而行为，由于一些现实的约束而产生了系统性的偏差。如果你想在交易中占有优势，不要和市场进行交易，而是与市场的参与者进行交易。

我们要占优势，就要深入地理解人们对某些情况如何做出反应。

7.3.1   延长我们的分析周期

现在延伸我们的分析。首先，从标准普尔 500 指数拉取自 2000 年开始的数据。

```
start_date = pd.to_datetime('2000-01-01')
stop_date = pd.to_datetime('2016-03-01')
sp = pdr.data.get_data_yahoo('SPY', start_date, stop_date)
```

让我们看看这个图表。

```
fig, ax = plt.subplots(figsize=(15,10))
sp['Close'].plot(color='k')
plt.title("SPY", fontsize=20)
```

上述代码生成图 7-17 的输出。

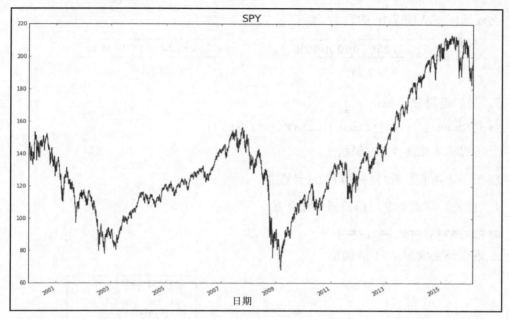

图 7-17

在图 7-17 中，我们看到了从 2000 年开始到 2016 年 3 月 1 日期间，SPY 的价格变化。当时一定存在很多波动，市场同时经历了相对的高点和低点。

让我们在这个新扩展的时间段内，获取三个基本策略的基准线。

首先，让我们为每个策略设置变量，如下所示。

```
long_day_rtn = ((sp['Close'] -
sp['Close'].shift(1))/sp['Close'].shift(1))*100
```

```
long_id_rtn = ((sp['Close'] - sp['Open'])/sp['Open'])*100
long_on_rtn = ((sp['Open'] -
sp['Close'].shift(1))/sp['Close'].shift(1))*100
```

现在，让我们看看每个策略的总体数据。

1．首先是每日回报。

```
(sp['Close'] - sp['Close'].shift(1)).sum()
```

上述代码生成图 7-18 的输出。

2．然后是盘中回报。

```
(sp['Close'] - sp['Open']).sum()
```

上述代码生成图 7-19 的输出。

52.67250100000001	−36.91226699999963
图 7-18	图 7-19

3．最后是隔夜回报。

```
(sp['Open'] - sp['Close'].shift(1)).sum()
```

上述代码生成图 7-20 的输出。

现在，让我们看看每种策略的统计数据。

4．首先，我们得到每日回报的统计量。

```
get_stats(long_day_rtn)
```

上述代码生成图 7-21 的输出。

```
交易次数: 4064
盈利次数: 2168
亏损次数: 1881
盈亏平衡次数: 15
盈利/亏损比例1.153
盈利的平均值: 0.819
亏损的平均值: -0.91
平均收益0.016
标准差: 1.275
最大亏损: -9.845
最大盈利: 14.52
夏普比率: 0.1958
```

```
86.77226799999964
```

图 7-20

图 7-21

5．接下来，我们获取盘中回报的统计量。

```
get_stats(long_id_rtn)
```

上述代码生成图 7-22 的输出。

6．最后，我们得到隔夜回报的统计量。

```
get_stats(long_on_rtn)
```

上述代码生成图 7-23 的输出。

我们可以看到，在更长的考察时间内，三者之间的差异更加显著。如果我们在过去 16 年间，只在白天持有标准普尔 ETF，那么我们会亏钱。如果我们只在夜间持有 ETF，回报就会得到超过 50%的改善！① 当然，这里假设没有交易成本、没有税收，每次买入卖出都是

---

① 译者注：此处作者的意思是，和购买并持有相比，如果每天晚间买入并且在每天早上卖出，你将获得额外的 50%盈利。

完美衔接，但无论如何，这是一个了不起的发现。

```
交易次数: 4065
盈利次数: 2128
亏损次数: 1908
盈亏平衡次数: 29
      盈利/亏损比例1.115
盈利的平均值: 0.686
亏损的平均值: -0.766
平均收益-0.0
      标准差: 1.052
      最大亏损: -8.991
      最大盈利: 8.435
            夏普比率: -0.0063
```

图 7-22

```
交易次数: 4064
盈利次数: 2152
亏损次数: 1878
盈亏平衡次数: 34
      盈利/亏损比例1.146
盈利的平均值: 0.436
亏损的平均值: -0.466
平均收益0.016
      标准差: 0.696
      最大亏损: -8.322
      最大盈利: 6.068
            夏普比率: 0.3541
```

图 7-23

7.3.2 使用支持向量回归，构建我们的模型

现在我们有一个基线用于比较，接下来构建第一个回归模型。我们将从一个非常基本的模型开始，只使用股票的前一天的收盘价值来预测第二天的收盘价。我们将使用支持向量回归来构建此模型。有了这些，下面开始建立模型。

第一步是为包含每一天价格的历史记录设置 DataFrame 对象。在这个模型中，我们将包含过去的 20 个收盘，如下所示。

```
for i in range(1, 21, 1):
    sp.loc[:,'Close Minus ' + str(i)] = sp['Close'].shift(i)
sp20 = sp[[x for x in sp.columns if 'Close Minus' in x or x ==
'Close']].iloc[20:,]
sp20
```

上述代码生成图 7-24 的输出。

	收盘	前1日的收盘	前2日的收盘	前3日的收盘	前4日的收盘	前5日的收盘	前6日的收盘	前7日的收盘	前8日的收盘	前9日的收盘	...	前11日的收盘
日期												
2000-02-01	140.937500	139.562500	135.875000	140.250000	140.812500	141.937500	140.343704	144.437500	144.750000	147.000000	...	146.968704
2000-02-02	141.062500	140.937500	139.562500	135.875000	140.250000	140.812500	141.937500	140.343704	144.437500	144.750000	...	145.812500
2000-02-03	143.187500	141.062500	140.937500	139.562500	135.875000	140.250000	140.812500	141.937500	140.343704	144.437500	...	147.000000
2000-02-04	142.593704	143.187500	141.062500	140.937500	139.562500	135.875000	140.250000	140.812500	141.937500	140.343704	...	144.750000
2000-02-07	142.375000	142.593704	143.187500	141.062500	140.937500	139.562500	135.875000	140.250000	140.812500	141.937500	...	144.437500

图 7-24

这个代码在同一行给出了每天及其前 20 个交易日的收盘价。

这将形成我们为模型所提供的 X 数组的基础。但是，在完全就绪之前，还有几个额外的步骤。

首先，我们将颠倒这些列，这样从左到右就是最早时间到最晚时间的顺序，如下所示。

```
sp20 = sp20.iloc[:,::-1]
sp20
```

上述代码生成图 7-25 的输出。

	前20日的收盘	前19日的收盘	前18日的收盘	前17日的收盘	前16日的收盘	前15日的收盘	前14日的收盘	前13日的收盘	前12日的收盘	前11日的收盘	...	前9日的收盘
日期												
2000-02-01	145.437500	139.750000	140.000000	137.750000	145.750000	146.250000	144.500000	143.062500	145.000000	146.968704	...	147.000000
2000-02-02	139.750000	140.000000	137.750000	145.750000	146.250000	144.500000	143.062500	145.000000	146.968704	145.812500	...	144.750000
2000-02-03	140.000000	137.750000	145.750000	146.250000	144.500000	143.062500	145.000000	146.968704	145.812500	147.000000	...	144.437500
2000-02-04	137.750000	145.750000	146.250000	144.500000	143.062500	145.000000	146.968704	145.812500	147.000000	144.750000	...	140.343704
2000-02-07	145.750000	146.250000	144.500000	143.062500	145.000000	146.968704	145.812500	147.000000	144.750000	144.437500	...	141.937500

图 7-25

现在，让我们导入支持向量机，并设置训练和测试矩阵，以及每个数据点的目标向量。

```
from sklearn.svm import SVR
clf = SVR(kernel='linear')
X_train = sp20[:-1000]
y_train = sp20['Close'].shift(-1)[:-1000]
X_test = sp20[-1000:]
y_test = sp20['Close'].shift(-1)[-1000:]
```

我们只有 4000 多个数据点可以使用，并选择使用最后的 1000 个作为测试。现在让我们拟合模型，并使用它来测试样本之外的数据，具体如下。

```
model = clf.fit(X_train, y_train)
preds = model.predict(X_test)
```

现在我们有自己的预测了，将它们与实际的数据进行比较。

```
tf = pd.DataFrame(list(zip(y_test, preds)), columns=['Next Day Close',
'Predicted Next Close'], index=y_test.index)
tf
```

上述代码生成图 7-26 的输出。

日期	下一个交易日 收盘的实际值	下一个交易日 收盘的预测值
2012-03-09	137.580002	137.711754
2012-03-12	140.059998	137.845997
2012-03-13	139.910004	139.961618
2012-03-14	140.720001	139.878612
2012-03-15	140.300003	140.680807
2012-03-16	140.850006	140.359465
2012-03-19	140.440002	140.792090
2012-03-20	140.210007	140.356091
2012-03-21	139.199997	140.104833

图 7-26

评估模型的性能

让我们来看看模型的性能。如果预测的当日收盘价高于当日开盘价，那么我们就会在当天开盘时买入。然后我们会在当天收盘时卖出。

接下来，我们将向 `DataFrame` 对象添加一些额外的数据点来计算结果，如下所示。

```
cdc = sp[['Close']].iloc[-1000:]
ndo = sp[['Open']].iloc[-1000:].shift(-1)
tf1 = pd.merge(tf, cdc, left_index=True, right_index=True)
tf2 = pd.merge(tf1, ndo, left_index=True, right_index=True)
tf2.columns = ['Next Day Close', 'Predicted Next Close', 'Current Day
Close', 'Next Day Open']
tf2
```

上述代码生成图 7-27 的输出。

日期	下一个交易日 收盘的实际值	下一个交易日 收盘的预测值	当前交易日 收盘的实际值	下一个交易日 开盘的实际值
2012-03-09	137.580002	137.711754	137.570007	137.550003
2012-03-12	140.059998	137.845997	137.580002	138.320007
2012-03-13	139.910004	139.961618	140.059998	140.100006
2012-03-14	140.720001	139.878612	139.910004	140.119995
2012-03-15	140.300003	140.680807	140.720001	140.360001
2012-03-16	140.850006	140.359465	140.300003	140.210007
2012-03-19	140.440002	140.792090	140.850006	140.050003
2012-03-20	140.210007	140.356091	140.440002	140.520004
2012-03-21	139.199997	140.104833	140.210007	139.179993

图 7-27

在这里，我们将添加以下代码来获取收益和亏损的信号量。

```python
def get_signal(r):
    if r['Predicted Next Close'] > r['Next Day Open']:
        return 1
    else:
        return 0
def get_ret(r):
    if r['Signal'] == 1:
        return ((r['Next Day Close'] - r['Next Day Open'])/r['Next
        Day Open']) * 100
    else:
        return 0
tf2 = tf2.assign(Signal = tf2.apply(get_signal, axis=1))
tf2 = tf2.assign(PnL = tf2.apply(get_ret, axis=1))
tf2
```

上述代码生成图 7-28 的输出。

日期	下一个交易日 收盘的实际值	下一个交易日 收盘的预测值	当前交易日 收盘的实际值	下一个交易日 开盘的实际值	信号量	盈利和亏损
2012-03-09	137.580002	137.711754	137.570007	137.550003	1	0.021810
2012-03-12	140.059998	137.845997	137.580002	138.320007	0	0.000000
2012-03-13	139.910004	139.961618	140.059998	140.100006	0	0.000000
2012-03-14	140.720001	139.878612	139.910004	140.119995	0	0.000000
2012-03-15	140.300003	140.680807	140.720001	140.360001	1	-0.042746
2012-03-16	140.850006	140.359465	140.300003	140.210007	1	0.456457
2012-03-19	140.440002	140.792090	140.850006	140.050003	1	0.278471
2012-03-20	140.210007	140.356091	140.440002	140.520004	0	0.000000
2012-03-21	139.199997	140.104833	140.210007	139.179993	1	0.014373

图 7-28

现在来看看，我们是否能够只使用价格的历史来成功地预测第二天的价格。我们先从计算所获得的信号量点数开始，如下所示。

```python
(tf2[tf2['Signal']==1]['Next Day Close'] - tf2[tf2['Signal']==1]['Next Day
Open']).sum()
```

上述代码生成图 7-29 的输出。

目前为止看上去不太妙。但是，和被测试的时期有关吗？我们从不独立地评估模型。在最近的 1,000 天中，基本的盘中策略生成了有多少点？

```python
(sp['Close'].iloc[-1000:] - sp['Open'].iloc[-1000:]).sum()
```

上述代码生成图 7-30 的输出。

1.989974000000018   30.560202000000288

图 7-29   图 7-30

因此，看起来我们的新策略失败了，甚至没有比过基本的盘中买入策略。让我们拿到完整的统计数据来比较两者。

首先，这段时期的基本盘中策略统计如下。

```
get_stats((sp['Close'].iloc[-1000:] -
sp['Open'].iloc[-1000:])/sp['Open'].iloc [-1000:] * 100)
```

上述代码生成图 7-31 的输出。

现在，我们模型的结果如下。

```
get_stats(tf2['PnL'])
```

上述代码生成图 7-32 的输出。

交易次数：1000
盈利次数：546
亏损次数：448
盈亏平衡次数：6
盈利/亏损比例 1.219
盈利的平均值：0.458
亏损的平均值：−0.512
平均收益 0.021
标准差：0.656
最大亏损：−4.175
最大盈利：2.756
夏普比率：0.5016

图 7-31

交易次数：1000
盈利次数：254
亏损次数：222
盈亏平衡次数：524
盈利/亏损比例 1.144
盈利的平均值：0.468
亏损的平均值：−0.523
平均收益 0.003
标准差：0.453
最大亏损：−2.135
最大盈利：2.756
夏普比率：0.0957

图 7-32

这看起来很糟糕。如果我们修改交易策略怎么样？如果只有在预测值比开盘值高出一定的程度之上，才进行买入交易，那又会怎么样？这样做有帮助吗？让我们试试看。我们将使用修改的信号量重新运行策略如下。

```
def get_signal(r):
    if r['Predicted Next Close'] > r['Next Day Open'] + 1:
        return 1
    else:
        return 0
def get_ret(r):
    if r['Signal'] == 1:
        return ((r['Next Day Close'] - r['Next Day Open'])/r['Next
        Day Open']) * 100
    else:
```

```
        return 0
tf2 = tf2.assign(Signal = tf2.apply(get_signal, axis=1))
tf2 = tf2.assign(PnL = tf2.apply(get_ret, axis=1))
(tf2[tf2['Signal']==1]['Next Day Close'] - tf2[tf2['Signal']==1]['Next Day
Open']).sum()
```

上述代码生成图 7-33 的输出。

现在的统计如下。

```
get_stats(tf2['PnL'])
```

上述代码生成图 7-34 的输出。

图 7-33

```
交易次数：1000
盈利次数：50
亏损次数：52
盈亏平衡次数：898
盈利/亏损比例 0.962
盈利的平均值：0.586
亏损的平均值：-0.676
平均收益-0.006
标准差：0.256
最大亏损：-1.966
最大盈利：2.756
夏普比率：-0.3636
```

图 7-34

我们已经从糟糕到更糟糕了。看来，如果过去的价格历史表明好事要来临了，你可以做恰恰相反的预期。我们似乎已经使用这个模型开发了一个逆向的指标。如果我们继续探索会怎样？让我们看看如果翻转这个模型，收益会是什么样子，也就是说当模型预测强劲的收益时，我们不交易，相反，当模型预测亏损时，我们反而进行交易，具体如下。

```
def get_signal(r):
    if r['Predicted Next Close'] > r['Next Day Open'] + 1:
        return 0
    else:
        return 1
def get_ret(r):
    if r['Signal'] == 1:
        return ((r['Next Day Close'] - r['Next Day Open'])/r['Next Day
Open']) * 100
    else:
        return 0
tf2 = tf2.assign(Signal = tf2.apply(get_signal, axis=1))
tf2 = tf2.assign(PnL = tf2.apply(get_ret, axis=1))
(tf2[tf2['Signal']==1]['Next Day Close'] - tf2[tf2['Signal']==1]['Next Day
Open']).sum()
```

上述代码生成图 7-35 的输出。

让我们获取统计数据。

```
get_stats(tf2['PnL'])
```

这将输出图 7-36 的结果。

```
交易次数：999
盈利次数：495
亏损次数：396
盈亏平衡次数：108
盈利/亏损比例1.25
盈利的平均值：0.446
亏损的平均值：-0.491
平均收益0.026
标准差：0.605
最大亏损：-4.175
最大盈利：1.969
夏普比率：0.6938
```

```
42.900288000000415
```

图 7-35   图 7-36

看起来我们确实拥有一个逆向指标。当我们的模型预测下一交易日会有收益的时候，市场表现明显不佳（至少在我们的测试期间内）。在大多数情况下这是否都成立？不见得。市场倾向于从逆转的体系转变到趋势持续的体系。让我们在不同的时期，重新运行模型来进一步测试它。

```python
X_train = sp20[:-2000]
y_train = sp20['Close'].shift(-1)[:-2000]
X_test = sp20[-2000:-1000]
y_test = sp20['Close'].shift(-1)[-2000:-1000]
model = clf.fit(X_train, y_train)
preds = model.predict(X_test)
tf = pd.DataFrame(list(zip(y_test, preds)), columns=['Next Day Close',
'Predicted Next Close'], index=y_test.index)
cdc = sp[['Close']].iloc[-2000:-1000]
ndo = sp[['Open']].iloc[-2000:-1000].shift(-1)
tf1 = pd.merge(tf, cdc, left_index=True, right_index=True)
tf2 = pd.merge(tf1, ndo, left_index=True, right_index=True)
tf2.columns = ['Next Day Close', 'Predicted Next Close', 'Current Day
Close', 'Next Day Open']
def get_signal(r):
    if r['Predicted Next Close'] > r['Next Day Open'] + 1:
        return 0
    else:
        return 1
```

```
def get_ret(r):
    if r['Signal'] == 1:
        return ((r['Next Day Close'] - r['Next Day Open'])/r['Next
        Day Open']) * 100
    else:
        return 0
tf2 = tf2.assign(Signal = tf2.apply(get_signal, axis=1))
tf2 = tf2.assign(PnL = tf2.apply(get_ret, axis=1))
(tf2[tf2['Signal']==1]['Next Day Close'] - tf2[tf2['Signal']==1]['Next Day
Open']).sum()
```

上述代码生成图 7-37 的输出。

因此,我们可以看到,新的模型和新的测试时间段返回的分数超过了 33 点。让我们将此结果与相同时间段的盘中策略进行比较。

```
(sp['Close'].iloc[-2000:-1000] - sp['Open'].iloc[-2000:-1000]).sum()
```

这将产生图 7-38 的输出。

33.60002899999989	−7.089998000000051
图 7-37	图 7-38

因此,在新的测试时段中,我们的逆向模型似乎表现出明显的优势。

到了现阶段,我们还可以对这个模型做一些扩展。我们甚至还没有开始使用技术指标或者模型中的基本数据,而且我们将交易限制在一天。所有这些都可以进行调整和扩展。然而,这里我想介绍另一个使用完全不同算法的模型。该算法称为动态时间规整(dynamic time warping)。它所做的事情是向你提供一个表示两个时间序列之间相似性的度量。

7.3.3 建模与动态时间扭曲

开始之前,我们需要从命令行使用 pip 安装 fastdtw 库,命令是 pip install fastdtw。

完成后,我们将导入需要的附加库,如下所示。

```
from scipy.spatial.distance import euclidean
from fastdtw import fastdtw
```

接下来,我们将创建一个函数,该函数将接受两个序列并返回它们之间的距离。

```
def dtw_dist(x, y):
    distance, path = fastdtw(x, y, dist=euclidean)
    return distance
```

现在，我们将 16 年的时间序列数据分成不同的期间，每个期间长度为 5 天。我们为每个期间配上一个附加的点。这将用于创建我们的 x 和 y 数据，具体如下。

```
tseries = []
tlen = 5
for i in range(tlen, len(sp), tlen):
    pctc = sp['Close'].iloc[i-tlen:i].pct_change()[1:].values * 100
    res = sp['Close'].iloc[i-tlen:i+1].pct_change()[-1] * 100
    tseries.append((pctc, res))
```

我们可以看看第一个序列，了解数据的样子。

tseries[0]

上述代码生成图 7-39 的输出。

```
(array([-3.91061453,  0.17889088, -1.60714286,  5.8076225 ]),
0.34305317324185847)
```

图 7-39

现在有了每个序列，我们就可以通过算法运行它们，来获得每个序列相对于其他序列的距离度量。

```
dist_pairs = []
for i in range(len(tseries)):
    for j in range(len(tseries)):
        dist = dtw_dist(tseries[i][0], tseries[j][0])
        dist_pairs.append((i,j,dist,tseries[i][1], tseries[j][1]))
```

一旦我们有了这些，就可以将其放入一个 DataFrame 对象。我们将删除相互距离为零的序列，因为它们代表了相同的序列。我们还会根据序列的日期进行排序，只观测第一个序列在时间上排第二个序列之前的那些。

```
dist_frame = pd.DataFrame(dist_pairs, columns=['A','B','Dist', 'A Ret', 'B
Ret'])
sf =
dist_frame[dist_frame['Dist']>0].sort_values(['A','B']).reset_index(drop=1)
sfe = sf[sf['A']<sf['B']]
```

最后，我们将交易限制到相互距离小于 1，而第一个序列的回报为正的情况。

```
winf = sfe[(sfe['Dist']<=1)&(sfe['A Ret']>0)]
winf
```

上述代码生成图 7-40 的输出。

	A	B	距离	A的回报	B的回报
3312	4	69	0.778629	1.360843	-1.696072
3439	4	196	0.608377	1.360843	0.410595
3609	4	366	0.973193	1.360843	0.040522
3790	4	547	0.832545	1.360843	-1.447712
3891	4	648	0.548913	1.360843	-0.510458
4035	4	792	0.719260	1.360843	0.819056
5463	6	598	0.678313	1.180863	2.896685
5489	6	624	0.897108	1.180863	0.757222
7769	9	471	0.932647	2.333028	-0.212983
13002	16	27	0.849448	0.754885	-0.571339

图 7-40

让我们看看排名靠前的模式，在绘制后是什么样子。

```
plt.plot(np.arange(4), tseries[6][0])
```

上述代码生成图 7-41 的输出。

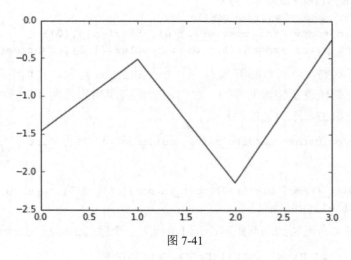

图 7-41

现在，我们将绘制第二个。

```
plt.plot(np.arange(4), tseries[598][0])
```

上面的代码将生成图 7-42 的输出。

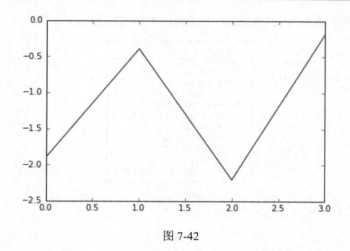

图 7-42

从图 7-41 和图 7-42 中可以看出，曲线几乎相同，这正是我们想要的。我们打算尝试找到所有在第二天获得正收益的曲线。然后，一旦我们发现某个曲线与这些有利可图的曲线之一非常相似，我们就会买入，以期待另一次盈利。

现在构造一个函数来评估我们的交易。对于相似的历史曲线，只要能返回正向的盈利，我们就会买入。如果发生无法盈利的情况，我们将删除它们。

```
excluded = {}
return_list = []
def get_returns(r):
    if excluded.get(r['A']) is None:
        return_list.append(r['B Ret'])
        if r['B Ret'] < 0:
            excluded.update({r['A']:1})
winf.apply(get_returns, axis=1);
```

现在所有交易的回报都存储于 return_list，让我们评估最终的结果。

```
get_stats(pd.Series(return_list))
```

上述代码生成图 7-43 的输出。

这些结果是迄今为止我们看到的最好结果。盈利/亏损比例和平均值远高出其他的模型。看来，这个新模型可能行得通，特别是与之前的模型相比。

现在，为了进一步检视该模型，我们应该通过其他的时间段来探索其鲁棒性。周期超过四天是否会改善模型？我们是否应该总是排除产生亏损的模式？还有很多额外的问题可以探索，但我会将它作为练习留给读者。如果你确实使用了这些技术，就知道我们只是浅尝辄止，还需要更多额外的周期测试，以适当地检验这些模型。

```
交易次数：569
盈利次数：352
亏损次数：217
盈亏平衡次数：0
盈利/亏损比例1.622
盈利的平均值：0.572
亏损的平均值：-0.646
平均收益0.108
标准差：0.818
最大亏损：-2.999
最大盈利：3.454
夏普比率：2.0877
```

图 7-43

7.4 小结

在这一章中，我们研究了股市。我们学会了如何使用机器学习来制定交易策略。我们使用支持向量回归构建了第一个策略，使用动态时间规整构建了第二个策略。

毫无疑问，本章的内容本身就可以写一本书。交易策略中许多最重要的模块，我们甚至都没有涵盖。这些包括投资组合建设、风险缓释和资金管理。对于任何真正的策略而言，这些都是最根本的——可能比交易信号更为重要。

希望这将成为你自己探索的起点。但是，我需要再次提醒你，"战胜市场"是一项几乎不可能完成的任务。在这个市场中，你将与世界上最聪明的人们竞争。如果你决定尝试，我祝你好运。如果结果不是你想象的那样，请记住我提醒过你！

在下一章中，我们将讨论如何构建一个计算图像相似度的引擎。

第 8 章
建立图像相似度的引擎

在我们的旅程中，到目前为止已经和数字以及文本打了很多交道。在本章中，我们将进入图像的世界。虽然看上去这似乎需要一些更高级的法术，但是我可以向你保证，将图像转换为机器可读的格式和转换文本一样简单。

我们将从图像机器学习的"hello world"开始：数字的识别。不过，到本章结束时，我们将构建一个高级的、基于图像的深度学习应用。要达到怎样的境界，我们才能建立这个高级应用？当然，这就是为什么要寻找我们的灵兽[①]！

我们还将花费相当多的时间来讨论深度学习算法，并理解为什么它们是如此重要，为什么大家都在热议它们。

本章将讨论以下主题。

- 图像的机器学习。

- 处理图像。

- 查找相似的图像。

- 理解深度学习。

- 构建图像相似度引擎。

[①] 译者注：灵兽或者精神动物，指对于每个人的精神而言，都有一种动物的天性与其对应，有些人相信找到自己的天性可以增强和发展自我。

8.1   图像的机器学习

尽管有关文本和数值型数据的机器学习应用是讨论得最多的，还有大量的类似应用是关于图像的。其中许多集中在具有深远影响的前沿研究领域。

如今，我们习惯于运行 Google 搜索，从三个星期前阅读的一个新闻故事来找到一些奇怪的文本片段，并将第一项作为期待的结果。现在，想象一下，如果我们能够对图片、电影和 GIF 动图做同样的事情，那会怎样？例如，让我们假设你在六个月前看到一个 GIF，它是完全适合你当前的 Slack[①]聊天，但你所能记住的只是它有一只美洲驼，而一个男子试图喂它。现在，你很难找到这张动图，因为大多数图片搜索需要利用标签和图像周围的文本。然而在过去几年中，像 Google 这样的公司，在机器为图像内容打标签的方面取得了惊人的进步。当这项研究完全公布于众让大家都来使用，它会从根本上改变我们搜索图像的方式。

在 Google Research 的这篇博文中（http://googleresearch.blogspot.com/2014/11/a-picture-is-worth-thousand-coherent.html），他们描述了实现这一目标的进展，并阐述了完成它的一些技术挑战。例如，在图 8-1 中，可以看到炉子上有两个比萨饼。

图 8-1

为了像这样标记图像，不仅需要理解每个对象，还需要理解它们之间的关系。即使那样，标签还需要与自然语言的短语匹配——也就是匹配人类的描述。例如，即使在技术上

① 时下非常流行的一种企业聊天工具，包括了聊天群组、大规模工具集成、文件整合、统一搜索等功能。

是正确的，一个人也永远不会将这张图标注为"在两个彼此相邻的比萨饼之下的烤箱"。

图像机器学习的另一种应用是人脸识别。你可能看过最近的新闻讨论了 Facebook 的 DeepFace 技术。据报道，这个应用程序是如此的先进，即使图像是人们的后脑勺，它也可以识别某个人——而且它识别的准确度近乎完美。

虽然这似乎对整个社会有可怕的影响，但是对于 Facebook 而言，这是价值连城的技术。一旦某个人在单张照片中被加注了标签，那么不再需要其他附加的标签——未来所有的照片的标注都是自动进行的。

应该指出这是一项艰巨的任务。一个人头发、服饰、年龄的改变——更别提每张照片中不同的拍摄角度和光线——都使得这项任务变得极具挑战性，甚至对人类也是如此。事实上，就像计算机已经开始在游戏中（如 Alpha Go）超越人类，它们也开始在这种识别任务中赶超我们。

这种新的机器自我掌控水平来自于相对较新的一类算法，其术语是"深度学习"。本章稍后将仔细探讨深度学习，让你可以理解它与其他算法的不同之处，以及为什么它是如此的成功。然而，现在我们将从头开始，先来了解一下处理图像的基础知识。

8.2　处理图像

当我们第一次介绍自然语言处理时，你理解了需要执行某种变换，才能以数字的方式表示文字。我们通过创建词条–文档的矩阵做到了这点。如今我们正在处理图片，需要执行另一种变换，然后用数字形式呈现图像。

让我们来看看图 8-2 中的几个手写数字。

这些特定数字取自 MNIST 的手写数字数据库（是的，这些都是真实的手写）。这个数据库包含数万个像这样的数字，采集自美国人口普查局员工和高中生的手写样本。

图 8-2

假设现在我们想使用机器学习来识别这些数字。我们如何使用数字来表示这些手写体？

一种方法可能是将图像中的每个像素映射到相同大小的数字矩阵中。然后，我们可以通过矩阵中的值来表示该像素的一些属性。实际上，这正是人们处理的方法。

每个数字图像都被缩放并且居中定位到给定大小的画布上（28 像素×28 像素或 64 像素×64 像素），然后每个像素的颜色强度在矩阵中被表示为 0 到 1 之间的值，其中 1 是纯黑色，0 是纯白色。此过程称为灰度缩放。

有了这个简单的方法，我们将一个真实世界中的"事物"变成一个数字化的表示，该表示可以用于我们的机器学习算法中。

下面来看个例子。我们将 MNIST 数据库加载到 scikit-learn。

```
from sklearn import datasets
import matplotlib.pyplot as plt
import numpy as np
%matplotlib inline
digits = datasets.load_digits()
def display_img(img_no):
    fig, ax = plt.subplots()
    ax.set_xticklabels([])
    ax.set_yticklabels([])
    ax.matshow(digits.images[img_no], cmap = plt.cm.binary);
display_img(0)
```

上述代码生成图 8-3 的输出。

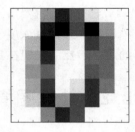

图 8-3

在上面的代码中，我们加载了必要的包，然后是数字数据集，最后，我们使用 matplotlib 展示了第一个数字。这是一个粗略的表示，因为它被缩小到了 8×8，或总共 64 个像素。运行以下命令，可以看到实际的矩阵表示。

`digits.images[0]`

上述代码生成图 8-4 的输出。

```
array([[  0.,   0.,   5.,  13.,   9.,   1.,   0.,   0.],
       [  0.,   0.,  13.,  15.,  10.,  15.,   5.,   0.],
       [  0.,   3.,  15.,   2.,   0.,  11.,   8.,   0.],
       [  0.,   4.,  12.,   0.,   0.,   8.,   8.,   0.],
       [  0.,   5.,   8.,   0.,   0.,   9.,   8.,   0.],
       [  0.,   4.,  11.,   0.,   1.,  12.,   7.,   0.],
       [  0.,   2.,  14.,   5.,  10.,  12.,   0.,   0.],
       [  0.,   0.,   6.,  13.,  10.,   0.,   0.,   0.]])
```

图 8-4

这些特定的数字在 0 和 16 之间缩放，但可以看到，它们和图像中每个像素的颜色强度是相互关联的。如果在算法中应用这些，我们需要将 8×8 的矩阵展开为长度 64 的单个向量。如下所示。

`digits.data[0].shape`

上述代码生成图 8-5 的输出。

然后这将成为我们训练集中的一行——也就是特征向量。使用以下命令，我们也可以看到和数据相关联的标签。

```
digits.target[0]
```

上述代码生成图 8-6 的输出。

$$(64,)$$

图 8-5

$$0$$

图 8-6

现在我们准备就绪，可以将这个图像数据输入算法了。

到目前为止，我们只讨论了如何使用黑白图像，不过令人惊讶的是，处理彩色图片也是一样的简单。每个像素可以使用三个特征来表示，每个 RGB 值对应一个特征。或者，如果倾向于保留单个特征，那么可以取三个 RGB 值的平均值。

现在我们已经将图像转换成机器可以处理的表示，接下来看看我们可以使用哪些算法。

8.3　查找相似的图像

通常，MNIST 的数字数据库是用于分类任务，即给定手写数字，找到它对应的目标标签。这里，我们将以不同的方式使用它。对于一张给定的图像，我们将尝试在数据集中，找到与它最相似的另外一张图像。这是一个无监督学习的任务，而不是一个监督学习的任务，因为我们不会使用标签进行训练。

本书之前介绍过一个处理文本特征的算法，我们将从这个算法开始。该算法是余弦相似性。回想一下，这个算法计算 X 矩阵中每一行的单位向量。每行和其他的行进行点乘，为我们提供每对向量之间的余弦夹角。最终的结果是，我们拥有了一个单独的指标，它告诉我们两张图片有多么的"接近"。现在来看看具体如何操作。

首先，我们将导入需要的库。

```
import pandas as pd
from sklearn.metrics.pairwise import cosine_similarity
```

然后，我们将计算第一个图像（索引号为 0）和所有其他图像之间的相似度。

```
X = digits.data
co_sim = cosine_similarity(X[0].reshape(1,-1), X)
```

当我们输入一维数组时，scikit-learn 需要我们重塑数组。

最后，我们将结果放在一个 pandas 的 DataFrame 对象中，并查看该结果。

```
cosf = pd.DataFrame(co_sim).T
cosf.columns = ['similarity']
cosf.sort_values('similarity', ascending=False)
```

这将产生图 8-7 的输出。

我们可以看到第一行的值是 1——一个完美的相似度——因为这是我们的原图。下面是按照相似度排序的所有其他图像。下面看看编号 877 的图像。我们将使用之前创建的函数来显示它。

```
display_img(877)
```

这将产生图 8-8 的输出。

	相似度
0	1.000000
877	0.980739
464	0.974474
1365	0.974188
1541	0.971831
1167	0.971130
1029	0.970858
396	0.968793
1697	0.966019
646	0.965490

图 8-7

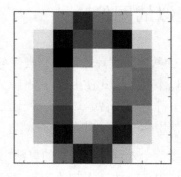

图 8-8

可以看出，这个图像也是一个 0，表明我们在正确的轨道上前进。让我们并排对比编号 0 的图像与编号 877 的图像，如图 8-9 所示。

我们可以看到，这两个零是非常相似的。我打赌他们是由同一个人书写的。

现在，让我们做点有趣的事情。和 0 差异最大的是什么呢？下面来看看。最不相似的图像是编号 1626。

```
display_img(1626)
```

这将产生图 8-10 的输出。

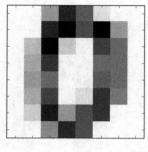 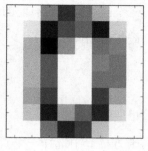

图 8-9

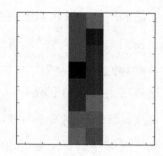

图 8-10

令人震惊的是，我们刚刚确认了二进制编码。与 1 相反的是，事实上，就是一个 0，哈哈！

让我们来看看在图像机器学习应用中经常采纳的另一种算法。它被称为卡方核（chi-squared kernel），和余弦相似度计算类似，它将给出一个标量值，告诉我们两个向量之间的相似度，如图 8-11 所示。

让我们来看看卡方核的相似度和之前运行的余弦相似度，这两者相比较如何。

```
from sklearn.metrics.pairwise import chi2_kernel
k_sim = chi2_kernel(X[0].reshape(1,-1), X)
kf = pd.DataFrame(k_sim).T
kf.columns = ['similarity']
kf.sort_values('similarity', ascending=False)
```

上述代码生成图 8-12 的输出。

$$k(x,y) = \exp\left(-\gamma \sum_i \frac{(x[i] - y[i])^2}{x[i] + y[i]}\right)$$

图 8-11

	similarity
0	1.000000e+00
1167	1.644255e-07
877	1.040593e-07
464	1.232666e-08
1541	8.598399e-09
1365	8.274881e-09
1029	1.907361e-09
855	1.487874e-10
1697	1.191874e-10
957	1.870301e-11

图 8-12

虽然顺序与余弦相似度的结果有些不同，但排名靠前的值大多数都是相同。

让我们来看看卡方核测量出来的最相似图像。

display_img(1167)

这将产生图 8-13 的输出。

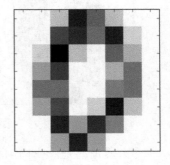

再次，我们找到一个与原图非常相似的 0。

为什么要在两者（余弦相似度与卡方核）中选择一个？你可以使用任何一个并得到相似度的结果——如我们已经看到的那样——余弦相似度已经被证明是自然语言处理工作的首选，而卡方核是处理图像任务的直接选择。

图 8-13

到现在为止，你有理由怀疑我们怎么可能通过仅含一位数字的微小黑框和白框，就确定图像是比萨饼还是猴子，或者摩托车什么的。根据我们目前所做的，似乎还不能收集足够的信息来辨别图片是什么。事实上，这是也是真的。

只使用字母的计数，我们几乎不可能区分《白鲸记》和《傲慢与偏见》。同样的道理，我们需要添加另外一层抽象来辨别图像。对于文本而言，这意味着使用单词和单词的组合，而对于视觉信息，类似地，我们使用像素的聚集。这些像素的聚集形成所谓的视觉词汇，这种方法被称为视觉词包——bag of visual words。之所以选择了这样的术语，是因为文本处理使用了词包——bag of words——并忽略了单词之间的顺序，而视觉词包使用了同样的方式，忽略了视觉词汇的空间顺序。

现在，为了进一步说明视觉词包的过程，让我们在更高的层面来理解这个概念。因为视觉词包的起源来自纹理识别，我们将使用图 8-14 的的例子。

图 8-14

这里，我们有三种不同的纹理。每个包括一系列重复的纹理单元，这些单元被称为 textrons。这些形成了视觉词汇的基础，如图 8-15 所示。

图 8-15

然后，每个样本可以表示为这些特征上的直方图，如图 8-16 所示。

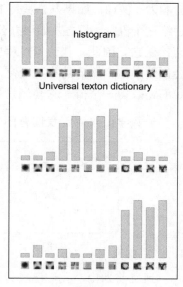

图 8-16

正如我们在图 8-16 所看到的，这些可以和词包中文档针对单词的直方图进行类比。

现在，我应该指出，这种描述主要是概念性的。涉及视觉词包的实现时，存在更多的事项。完整的细节超出了本书的讨论范围，不过其中一些工作应该包括选择兴趣点作为视觉词汇，以及使特征尺度不变的规范化。

一旦完成预处理，就像文本处理那样，我们要计算相似度矩阵，然后将数据输入分类算法。再次，像文本处理那样，算法通常是 SVM。

8.4 了解深度学习

虽然视觉词包方法的表现令人印象深刻，但是最近，利用所谓深度学习的新方法已然出现。深度学习为人工智能领域带来了新的生机，因为它不断地在提升我们的基准线。本章稍后，我们将在图像相似度引擎中使用深度学习，不过，首先我们将介绍究竟什么是深度学习，以及为什么它是如此重要的突破。

深度学习源于已经存在了几十年的算法。这些算法，称为感知器，对人类大脑中的神经元进行建模。

在参加生物学课程时，你可能已经学习过神经元是如何工作的。基本的信息如下。

- 每个神经元连接到其他神经元组成的网络。
- 当神经元激发时，它将信号发送到和它连接的神经元。
- 接收这个信号的神经元，根据一些已建立的激活阈值，或者激发，或者不激发。

这是感知模型的基础，如图 8-17 所示。

我们可以将神经元视为一个单独的决策单元。假设神经元的任务是决定我们是否应该接受一个新的工作机会。在这个场景中，我们的相关输入可能是工作地点、薪酬、对未来经理的印象，以及办公室环境等。这种情况下，我们有一个二元决策：1，接受这份工作，或 0，不接受。每一项输入都帮助我们确定是否接受该工作，但是，很显然，它们不会具有同样的影响力。例如，如果办公室是 10 分中的满分，但工资只能拿到 10 分中的 2 分，我们很可能拒绝这个机会。反之，如果办公室是 10 分中的 2 分，而工资是 10 分中的满分，我们很可能会接受它。因此，在决策过程中，薪酬比办公室的环境更重要。在感知器的语言中，我们会说薪酬这个输入的权重更高。对所有的输入——x 变量——修改它们的权重——w 变量，我们将获得一个值，它会触发或不触发我们的函数。

从数学上来讲，我们有图 8-18 的公式。

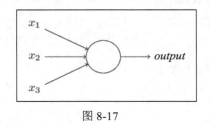

图 8-17

$$output = \begin{cases} 0 \text{ if } \sum_j w_j x_j \leqslant threshold \\ 1 \text{ if } \sum_j w_j x_j > threshold \end{cases}$$

图 8-18

到目前为止，我们已经讨论了感知器如何担当一个决策单元，但是还没有讨论学习是如何进行的。

为了理解学习的过程，让我们试着用感知器学习一些决策规则。

我们要学习的第一条规则称为 AND 函数。AND 函数是像这样工作的：有两个输入，当两个输入都为正时，我们希望函数输出 1。如果一个输入是负的，或者两个都是负的，我们希望它输出 0。我们将权重设置为 0 到 1 之间的随机数。

让我们开始学习的过程。这里 X_1 的输入等于 1，X_2 的输入等于 -1。W_1 被随机设为 0.8，W_2 被随机设为 0.2。因为两者都必须是正的，输出才为 1，所以阈值是大于 1 的任何值。

因此，我们有 $W_1 \times X_1 + W_2 \times X_2$ 为 $1 \times 0.8 + -1 \times 0.4 = 0.8 - 0.4 = 0.4$。现在，因为我们期望输出为 0，所以说误差为 0.4。现在我们将尝试改进模型，将这些错误推回到输入，让其更新权重。为此，我们将使用图 8-19 的公式轮流进行评估。

$$w_i \leftarrow w_i + \Delta w_i$$
$$\Delta w_i = \eta (t - 0) x_i$$

图 8-19

这里，w_i 是第 i 个输入的权重，t 是目标结果，o 是实际结果。其中，我们的目标结果是 0，实际结果是 0.4。现在忽略 n 项。它是学习率，决定了更新幅度应该有多大或多小。现在，我们假设它被设置为 1。

让我们看看 x_1 如何更新它的重量。因此，我们有 `1×(0-0.4)×1`，它等于 `-0.4`。这是 w 的差值，因此，更新公式 1，我们有 `0.8-0.4`，这给出了 w_1 的新权重为 `0.4`。因此，x_1 的权重下降。那么 x_2 的权重又如何？

让我们来看看。这个是 `1×(0-0.4)×(-1)`，等于 `0.4`。然后，我们获得了 `0.2+0.4=0.6`，以此来更新 w_2。从此可以看到，两个权重相互接近了，这正是我们所希望的。如果给定一个足够小的学习率，然后继续运行这个过程，那么模型就会收敛，我们就将学会 AND 函数。

虽然这个模型看上去极其简单——没错，它也有明显的局限性（例如，无法学习 XOR 函数）——但它是当今深度学习框架的基石。人们对这种模型进行渐进的创新，提高了其学习复杂表达的能力，包括结合 S 形函数代替阶梯函数、堆叠神经元形成分层网络，以及更好的方法来向下层分配错误。

总之，这些更新使得模型不仅可以学习非线性表示（学习 XOR 函数所必需的），还可以学习任何其他模式。通过堆叠多层的神经元——一层的输出作为另一层的输入——每个更高的层次都能够识别更复杂的数据表示。

在图 8-20 中，我们看到了这个过程在人脸识别任务中是如何进行的。

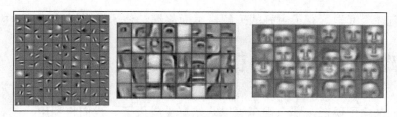

图 8-20

图 8-20 中从左到右，我们可以在深度学习网络的每个隐藏层中，追踪不断增加的表达复杂性。

在图 8-21 中，我们看到的网络只有一个隐藏层，不过，拥有多个隐藏层是常规的实践做法，而它也是深度学习这一术语的来源。

我们可以认为这就像盲人摸象的比喻。

"感受到一条腿的盲人说大象就像一根柱子；感受到尾巴的那个人说大象就像一条绳子；感受到躯干的那个人说大象就像一棵树；感受到耳朵的那个人说大象就像一把扇子；感受到肚子的那个人说大象就像一面墙；感受到象牙的那个人说大象就像实心管。"

——维基百科。

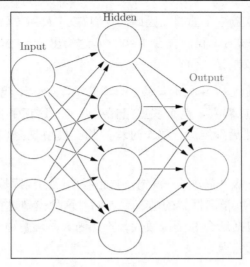

图 8-21

没有一个人能够纵览全局，仅仅通过片面的观察，他们无法正确地说出正在评估的是什么。但是，将同样的属性结合起来，反复观察，再加上被告知它是头大象，那么下一次遇见柱子 + 绳子 + 树干 + 扇子 + 墙 + 实心管的组合，我们可能认为它就是一头大象。

现在我们对深度学习有了更好的理解，下面将继续使用深度学习来创建应用程序。

8.5　构建图像相似度的引擎

如果你一直读到现在，那么现在可以开始享受成果了。我们将利用人工智能的强大力量做一些真正重要的事情。我们将找到你的灵兽。嗯，不完全是。我们将使用它，在 CIFAR-10 图像数据集中找到最像你的猫。CIFAR-10 是什么？这个数据集是用作计算机视觉研究标准的一组图像。它包括 10 个分类，成千上万的图像，例如狗、青蛙，飞机和汽车等等。不过，对我们而言最重要的是，其中包括猫。

现在，我们需要理解在所有讨论的算法中，深度学习往往是最强大的，但同时对于"家庭使用者"也是最不友好的。我的意思是，相对于其他算法，深度学习通常需要更长的训练时间、更多的计算能力。事实上，这也是神经网络架构没有被快速接受的原因之一。随着较便宜的 GPU（图形处理单元）出现，它才成为研究人员的可选项之一。

鉴于此，我们将采取两大措施来减少模型的处理时间。

第一个措施是利用 GraphLab Create。它是一个很流行的大规模机器学习框架。它提供了一个很好的 API，有点像 pandas 和 scikit-learn 的结合。通常，它是收费的服务——需要许可证，但是对于学术用途是免费的，似乎还包括了 Bootcamps 和大规模在线公开课程（MOOC），如 Coursera。请务必阅读该站点的说明细节。

Graphlab 的安装很简单。细节可以在这里找到：https://dato.com/download/install-graphlab-create-command-line.html。基本上，它只需要填写表单就可以获取许可证，然后复制并粘贴它提供的 pip 命令。

注意，你必须使用 Python 2.7。Python 3 目前还不支持这些。

缩短处理时间的下一个措施是使用被称为迁移学习的东西。迁移学习的基本思想是利用大规模的、高度训练的、针对某项具体任务的深度学习网络的能力。然后，我们砍掉这些网络的最高层，以使用较低层作为特征，让其运作在没有受过训练的任务中。请记住，在事物的综合表示方面，较低层的特殊性更少。在数字识别的世界中，较低层可以表示环状或直线，而较高层更多的是关注 0 或 1。在大象识别的世界中，低层更多的是关于扇子和树干。在迁移学习中，我们可以提取这些较低级别的特征，以便将它们应用到新的领域——那些它们没有专门受训过的领域。

本节中的很多信息都参考了有关机器学习基础的 Coursera 课程，可用这里访问：https://www.coursera.org/learn/ml-foundations。如果你有兴趣深入研究这些材料，我强烈推荐你阅读它。

有了这些，让我们开始编码。灵兽等着我们呢。

我们将从包的引入开始。

```
import graphlab
graphlab.canvas.set_target('ipynb')
```

接下来，我们从 CIFAR-10 数据集中加载将要使用的一组图像。

```
gl_img =
graphlab.SFrame('http://s3.amazonaws.com/dato-datasets/coursera/ deep_learni
ng/image_train_data')
gl_img
```

这将产生图 8-22 的输出。

编号	图像	标签	深度学习的特征	图像数组
24	Height: 32 Width: 32	bird	[0.242871761322, 1.09545373917, 0.0, ...	[73.0, 77.0, 58.0, 71.0, 68.0, 50.0, 77.0, 69.0, ...
33	Height: 32 Width: 32	cat	[0.525087952614, 0.0, 0.0, 0.0, 0.0, 0.0, ...	[7.0, 5.0, 8.0, 7.0, 5.0, 8.0, 5.0, 4.0, 6.0, 7.0, ...
36	Height: 32 Width: 32	cat	[0.566015958786, 0.0, 0.0, 0.0, 0.0, 0.0, ...	[169.0, 122.0, 65.0, 131.0, 108.0, 75.0, ...
70	Height: 32 Width: 32	dog	[1.12979578972, 0.0, 0.0, 0.778194487095, 0.0, ...	[154.0, 179.0, 152.0, 159.0, 183.0, 157.0, ...
90	Height: 32 Width: 32	bird	[1.71786928177, 0.0, 0.0, 0.0, 0.0, 0.0, ...	[216.0, 195.0, 180.0, 201.0, 178.0, 160.0, ...

图 8-22

你会看到几列标识信息，例如编号和标签，你还会注意到名为"深度特征"的列。这些特征是从一个大规模的、经过训练的深度学习网络提取而来。稍后我们将解释如何使用它们。现在，让我们继续。

使用下面的代码，我们可以观察一下图像。

```
gl_img['image'][0:5].show()
```

这将产生图 8-23 的输出。

图 8-23

不幸的是，图片非常小，但你可以调整它们的大小，让其看得稍微清楚些。

```
graphlab.image_analysis.resize(gl_img['image'][2:3], 96,96).show()
```

这将产生图 8-24 的输出。

现在，所有用于比较的图片都已经加载完毕了，我们只需要加载自己的照片。我会加载自己的一张照片，它应该适用于这个任务。当然，你需要在该位置加载你自己的。

```
img = graphlab.Image('/Users/alexcombs/Downloads/profile_pic.jpg')
ppsf = graphlab.SArray([img])
ppsf = graphlab.image_analysis.resize(ppsf, 32,32)
ppsf.show()
```

这将产生图 8-25 的输出。

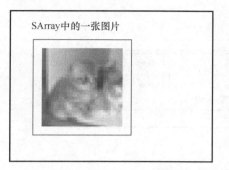

图 8-24

图 8-25

接下来，我们需要将该图像放入包含之前训练图像的数据框中。但是，要做到这一点，我们首先需要提取其特征。具体如下。

```
ppsf = graphlab.SFrame(ppsf).rename({'X1': 'image'})
ppsf
```

上述代码生成图 8-26 的输出。

现在，我们将提取图像的深度特征。

```
ppsf['deep_features'] = deep_learning_model.extract_features(ppsf)
ppsf
```

上述代码生成图 8-27 的输出。

图像
高度：32   宽度：32

[1行 x 1列]

图 8-26

图像	深度特征
高度：32 宽度：32	[2.32031345367, 0.0, 0.0, 0.0, 0.0, 0.31992828846, ...

[1行 x 2列]

图 8-27

此刻，我们只需要一些最后的操作，就能让自己的照片与训练的图片拥有同样的格式。

```
ppsf['label'] = 'me'
gl_img['id'].max()
```

```
49970
```

图 8-28

上述代码生成图 8-28 的输出。

我们看到数据框中最大的 ID 编号为 49,970。我们为自己照片分配的编号为 50,000，这样做只是为了便于记忆。

```
ppsf['id'] = 50000
ppsf
```

上述代码生成图 8-29 的输出。

图像	深度特征	标签	编号
高度：32　宽度：32	[2.32031345367, 0.0, 0.0, 0.0, 0.0, 0.31992828846, ...	me	50000
[1行 x 4列]			

图 8-29

差不多快好了，现在我们将使用这些列来连接所有的内容。

```
labels = ['id', 'image', 'label', 'deep_features']
part_train = gl_img[labels]
new_train = part_train.append(ppsf[labels])
new_train.tail()
```

这将产生图 8-30 的输出。

49913	高度：32 宽度：32	automobile	[1.2023819685, 0.342965483665, 0.0, ...
49919	高度：32 宽度：32	automobile	[0.0, 0.0, 0.0, 0.769036352634, 0.0, ...
49927	高度：32 宽度：32	dog	[0.558163285255, 0.0, 1.05110442638, 0.0, 0.0, ...
49958	高度：32 宽度：32	cat	[0.674960494041, 0.0, 0.0, 1.9640891552, ...
49970	高度：32 宽度：32	cat	[1.07501864433, 0.0, 0.0, 0.0, 0.0, 0.0, ...
50000	高度：32 宽度：32	me	[2.32031345367, 0.0, 0.0, 0.0, 0.0, 0.31992828846, ...

图 8-30

好吧，我们现在有一个很大的数据框架，包含所有的图像，以及表示为向量的图像深度特征。此时，我们可以使用非常简单的模型来找到最相似的图像。

我们首先使用 k-最近邻居模型，将某个随机选取的猫和集合中其他的猫进行比较，感觉一下我们的模型效果如何。

```
knn_model =
graphlab.nearest_neighbors.create(new_train,features=['deep_ features'],
label='id')
```

上述代码生成图 8-31 的输出。

```
Starting brute force nearest neighbors model training.
```

图 8-31

让我们看看被测试的小猫。

```
cat_test = new_train[-2:-1]
graphlab.image_analysis.resize(cat_test ['image'], 96,96).show()
```

这将产生图 8-32 的输出。

因此，这个可爱的像素化小怪物就是我们的测试主角。让我们找到和它面貌相似的其他小猫。

SArray中的一张图片

图 8-32

```
sim_frame = knn_model.query(cat_test)
sim_frame
```

上述代码生成图 8-33 的输出。

```
Starting pairwise querying.
+---------------+----------+-------------+--------------+
| Query points  | # Pairs  | % Complete. | Elapsed Time |
+---------------+----------+-------------+--------------+
| 0             | 1        | 0.0498504   | 22.45ms      |
| Done          |          | 100         | 297.624ms    |
+---------------+----------+-------------+--------------+
```

查询标签	指向标签	距离	排名
0	49970	0.0	1
0	6186	38.0348505275	2
0	15882	39.0333337944	3
0	24302	40.5205578019	4
0	16289	40.6156967032	5

[5 行 x 4 列]

图 8-33

最后让我们看看匹配上的小猫们。

```
def reveal_my_twin(x):
    return gl_img.filter_by(x['reference_label'],'id')
spirit_animal = reveal_my_twin(knn_model.query(cat_test))
spirit_animal['image'].show()
```

这将导致图 8-34 的输出。

图 8-34

这就是结果。每个图像是一只猫，我觉得它们看起来都很像被测试的小猫。

让我们再运行一次，选择另一只小猫。这里我省略了代码，只是给你看看被测试的猫和相似查找的结果。

首先，这是被测试的对象，如图 8-35 所示。

图 8-35

现在是相似度匹配的结果，如图 8-36 所示。

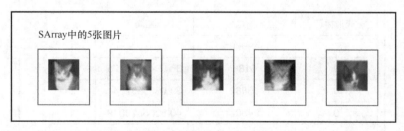

图 8-36

对于编号 145 的图片，我必须承认这个匹配相当不错。然而，现在，到了我们一直期待的时刻。让我们揭示我的动物双胞胎。

```
me_test = new_train[-1:]
graphlab.image_analysis.resize(me_test['image'], 96,96).show()
```

这将产生图 8-37 的输出。

图 8-37

现在，我们运行一次搜索，查找和我的照片最匹配的图片。

```
sim_frame = knn_model.query(me_test)
sim_frame
```

上述代码生成图 8-38 的输出。

```
Starting pairwise querying.

+----------------+----------+--------------+---------------+
| Query points   | # Pairs  | % Complete.  | Elapsed Time  |
+----------------+----------+--------------+---------------+
| 0              | 1        | 0.0498504    | 31.203ms      |
| Done           |          | 100          | 330.71ms      |
+----------------+----------+--------------+---------------+
```

查询标签	指向标签	距离	排名
0	50000	0.0	1
0	6567	38.5852216196	2
0	11293	41.9754457649	3
0	22193	42.8440615614	4
0	36138	42.8565376605	5

[5 行 x 4 列]

图 8-38

现在，我们加载结果。

```
graphlab.image_analysis.resize(spirit_animal['image'][0:1], 96,96).show()
```

这将产生图 8-39 的输出。

图 8-39

我觉得还行。我认为自己戴的帽子决定了一切,但我一定会接受它作为我的灵兽。

8.6 小结

通过本章,我们在计算机视觉应用的机器学习领域中进行了一次宏伟的旅程。我们讨论了一些这个领域使用的技术,以及如何使用这些技术创建可行的应用。我们还阐述了深度学习的原理,以及如何将其应用于特征提取和分类。最重要的是,你现在有一个非常科学的方法来寻找你的灵兽。仅仅这一点就值回票价了。

在下一章中,我们将了解如何创建一个聊天机器人的应用程序。

第 9 章
打造聊天机器人

几乎从电脑诞生的那天开始，我们就幻想有朝一日能够与它们交谈。电影告诉大家，这些机器将是拥有超高智能的代理。除了能够进行对话，这些机器人还能观察我们的情绪，甚至在必要的时候违抗我们的命令，就像在电影《2001：太空奥德赛》中那样。

在电影问世 11 年之后，随着 iPhone 4S 的发布苹果公司向全世界介绍了 Siri。对于任何使用过 Siri 的人来说很显然的事实是，如果我们想面对电影中 HAL 9000 单位所展示的那般智能，那么还有很漫长的路要走。但是，尽管这些代理——或聊天机器人——过去表现笨拙，该领域仍然在迅速发展。

在本章中，我们将学习如何从头打造一个聊天机器人。一路走来，我们将了解更多关于该领域的历史及其未来前景。

我们将在本章讨论以下主题。

- 图灵测试。

- 聊天机器人的历史。

- 聊天机器人的设计。

- 创建一个聊天机器人。

9.1　图灵测试

1950 年，Alan Turing 在一篇著名的论文中提出了这样的问题："机器能思考吗？"作为脚踏实地的天才，他决定不去正面地回答这个问题，而是将其放入"其他人头脑之问题"的框架中。这个问题提出了另一个疑问："我们如何真正知道其他人是否拥有和我们一样的头脑？"因为我们只能观察他们的行为——而不是他们内心的活动，我们必须相信他们像我们一样。Turing 提出，如果机器表现出它好像是智能的，那么其实我们也应该这样看。简而言之，这是图灵测试。如果机器通过了这个测试，那就意味着我们要相信该机器是和自己一样的同类人。

你可能想知道目前为止，是否有程序曾经成功地通过图灵测试。答案是，真的没有官方图灵测试。最接近官方活动的事情是 Loebner 奖。这是一个每年举行的比赛，对评委觉得最像人类的聊天机器人，颁发适度的奖励。如果这听起来过于严格和学术，它可以被描述为任何事物。据说，Loebner 赞助比赛是因为他鄙视任何形式的劳动。

希望目前为止，你已经意识到任何关于"通过图灵测试"的声明更多的是假象，而不是实际的科学。尽管如此，图灵的初始概念是非常有价值的。

9.2　聊天机器人的历史

我还记得那天父亲让我坐在他的 IBM XT 面前，看着它黑色和绿色闪烁的监视器，并让我和"它"说话。对话大致是这样的：

```
>Hello? How are you feeling today?
>Hi. Who is this?
>Hi there… how are you today?
>I'm fine. You didn't tell me who you are.
>We should be discussing you, not me.
>We should? Why?
>Let's change focus a bit… Tell me about your family.
>You are impossible to have a conversation with.
>Can you elaborate on that?
>You are killing me.
>Perhaps you would like me to be killing you.
>Ok, you are freaking me out.
>Perhaps you're really talking about yourself?
>What?? That makes no sense.
>How would an answer to that help you?
>END
>Very Interesting.
>QUIT
>Thank you for talking with me.
>#$###$#@@...
```

和我交谈的"它"是一个名为 ELIZA 的程序。由 Joseph Weizenbaum 于 20 世纪 60 年代中期，在麻省理工学院人工智能实验室编写。他创建 ELIZA 来模仿罗杰斯心理治疗师[①]的反应。虽然无论从何种层面来理解，这些反应都是很滑稽的，但是该程序能够说服一些用户，让他们觉得正在和一个真实的人聊天。考虑到它的代码不足 200 行，并使用随机化和正则表达式进行鹦鹉学舌般的应答，这已经是一个了不起的壮举了。即使在今天，这个简单的程序仍然是主流的做法。如果你问 Siri ELIZA 是谁，她会告诉你她是一位好朋友以及出色的心理医生。

如果说 ELIZA 是聊天机器人的雏形，之后我们又看到了什么？最近这些年，新型的聊天机器人爆发式地增长，最值得注意的是 Cleverbot。

Cleverbot 于 1997 年在互联网上问世。从那时起，这个机器人已经进行了数亿次的对话。不像早期的聊天机器人，随着每次对话的进行，Cleverbot（机如其名）似乎变得更加智能。对于该算法确切的工作原理，相关细节很难找到，据说是将所有的对话记录到数据库中，并通过识别数据库中最类似的问题和回应，来找到最合适的答复。

我在图 9-1 所示的屏幕截图中，提出了一个无意义的问题，你可以看到 Cleverbot 根据字符串的匹配，发现了和这个问题中所讨论对象相类似的事物。

图 9-1

我继续相关的话题，如图 9-2 所示。

我再一次得到相似的答复。

你还会注意到，话题可以在多个会话中持续。对于我的回答，它要求我提供更多的细节，并证明我的答案是合理的。看上去，这是使 Cleverbot 更聪明的方法之一。

---

① 译者注：罗杰斯，著名的心理学家，罗氏心理治疗法的创始人。

图 9-2

虽然聊天机器人学习人类可能很有趣，但它们也有黑暗面。

就在这一年，微软在 Twitter 上发布了一个名为 Tay 的聊天机器人。微软邀请人们向 Tay 提出问题，Tay 会根据她的"个性"做出回应。显然，微软对这个机器人进行了特定的编程，让其看上去像一个 19 岁的美国女孩。她希望成为你的虚拟"好友"，唯一的问题是她听上去像一个年轻的极端主义者。

由于一系列令人难以置信的煽动性推文，微软被迫在 Twitter 上关闭了 Tay，并发布道歉：

"现在很多人都知道，星期三我们推出了一款名为 Tay 的聊天机器人。对于 Tay 意外发布的攻击性和伤害性的推文，我们非常抱歉，这并不代表我们的立场或者我们支持谁。现在 Tay 已经下线，对于和我们的原则以及价值观相冲突的恶意内容，需要及时地预测，只有当我们有信心可以更好地预测时，才会让 Tay 再次回归。"

——2016 年 3 月 25 日微软官方博客

显然，想要在未来对公众发布聊天机器人的品牌，应该从这次事件中吸取教训。

毫无疑问，品牌商们正在接受聊天机器人。从 Facebook 到 Taco Bell[1]都在进入这个领域。

来看看 TacoBot，如图 9-3 所示。

---

① 译者注：美国非常知名的连锁餐饮品牌。

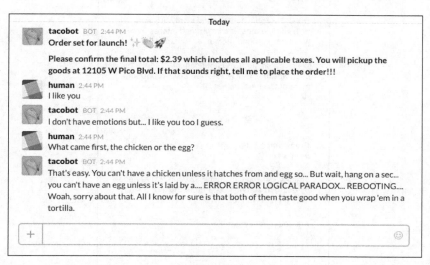

图 9-3

是的，这是一个真实的例子，尽管发生了 Tay 那样的事件，未来的 UI 还是很有可能成为 TacoBot 这样的东西。最后一个例子可能进一步解释这是为什么。

Quartz 最近推出了一个将新闻转变为对话的应用程序。在聊天中你的代入感更好，就像倾听一个朋友述说新闻，而不是让系统简单地排出故事列表。如图 9-4 所示。

David Gasca，Twitter 的产品经理，在 Medium 的一篇文章中描述了他使用该应用的经历。他描述了会话的本质如何触发了只有人与人之间才有的那种感觉。下面的内容是有关他在这个应用中遇到广告时的感觉：

"与简单的展示广告不同，和我的应用对话时，我觉得欠它些什么：我就想单击。在潜意识的层次，我觉得需要互动，不能让应用程序失望：因为应用程序给了我这些内容。到目前为止它都很棒，我也喜欢 GIF 的动图。我也许应该单击这个广告，因为应用程序正在很耐心地询问我。"

如果这种体验是普遍的——我也期望它是——那么这可能是广告界的一件大事，毫无疑问，广告的利润将推动 UI 的设计：

"机器人的行为越像一个真实的人，它就会越像真人一样被对待。"

——Mat Webb，技术专家，《Mind Hacks》一书的合著者

到目前为止，你可能很想知道这些东西是如何运作的，所以让我们继续吧！

图 9-4

9.3   聊天机器人的设计

初始的 ELIZA 应用程序是 200 行出头的代码。Python NLTK 的实现也是差不多的短小精悍。在 NLTK 网站的这个链接（`http://www.nltk.org/modules/nltk/chat/eliza.html`），可以看到一些摘要。这里我也转载了以下内容。

```
# Natural Language Toolkit: Eliza
#
# Copyright (C) 2001-2016 NLTK Project
# Authors: Steven Bird <stevenbird1@gmail.com>
# Edward Loper <edloper@gmail.com>
# URL: <http://nltk.org/>
# For license information, see LICENSE.TXT
# Based on an Eliza implementation by Joe Strout
```

```
<joe@strout.net>,
    # Jeff Epler <jepler@inetnebr.com> and Jez Higgins
<mailto:jez@jezuk.co.uk>.
    # a translation table used to convert things you say into
things the
    # computer says back, e.g. "I am" --> "you are"
from __future__ import print_function
from nltk.chat.util import Chat, reflections
    # a table of response pairs, where each pair consists of a
    # regular expression, and a list of possible responses,
    # with group-macros labelled as %1, %2.
pairs = ((r'I need (.*)',("Why do you need %1?", "Would it
            really help you to get %1?","Are you sure you need
            %1?")),(r'Why don't you (.*)',
            ("Do you really think I don't %1?","Perhaps eventually
            I will %1.","Do you really want me to %1?")),
[snip](r'(.*)\?',("Why do you ask that?", "Please consider
            whether you can answer your own question.",
            "Perhaps the answer lies within yourself?",
            "Why don't you tell me?")),
(r'quit',("Thank you for talking with me.","Good-bye.",
"Thank you, that will be $150. Have a good day!")),
(r'(.*)',("Please tell me more.","Let's change focus a bit...
            Tell me about your family.","Can you elaborate on
            that?","Why do you say that %1?","I see.",
            "Very interesting.","%1.","I see. And what does that
            tell you?","How does that make you feel?",
            "How do you feel when you say that?"))
)
eliza_chatbot = Chat(pairs, reflections)
def eliza_chat():
    print("Therapist\n---------")
    print("Talk to the program by typing in plain English,
            using normal upper-")
    print('and lower-case letters and punctuation. Enter "quit"
            when done.')
    print('='*72)
    print("Hello. How are you feeling today?")
eliza_chatbot.converse()
def demo():
    eliza_chat()
if __name__ == "__main__":
    demo()
```

从这段代码中可以看出，它解析了输入的文本，然后将其与一系列的正则表达式进行匹配。一旦输入匹配成功，就会返回一个随机的答复（有时回应也会带上输入的一部分）。所以，像"I need a taco"这样的问题有时会触发"Would it really help you to get a taco?"这样的回答。显然，答案是肯定的，而且幸运的是，现在这个时代的技术已经可以为你提供这项服务了（祝福你，TacoBot），当然还是在早期发展阶段。令人震惊的是，有些人确实相信 ELIZA 是一个真实的人。

但是，更先进的机器人又怎样呢？它们是如何构建的？

令人惊讶的是，你遇到的大多数聊天机器人并没有使用机器学习的技术，他们使用的是所谓的基于检索的模型。这意味着答复是根据问题和上下文而预定义好的。这些机器人最常见的架构是被称为人工智能标记语言（AIML）的东西。AIML 是一种基于 XML 的模式，它表示机器人应该如何与用户的输入进行交互。它只是一个更高级版本的 ELIZA。

让我们来看看如何使用 AIML 来生成答复。首先，预处理所有的输入以使其标准化。这意味着当你输入"Waaazzup ???"时，它被映射到"WHAT IS UP"。这个预处理步骤通过多种方式，将针对同样事物的不同说法变成一个输入，这样就可以在输入上运行单个规则。标点符号等在这个阶段也被去除了。一旦完成，输入就匹配上了对应的规则。以下是模板的示例。

```
<category>
    <pattern>WHAT IS UP</pattern>
    <template>The sky, duh. Pfft. Humans...</template>
</category>
```

这是基本的设置，你也可以使用通配符、随机化和优先级模式。例如，以下模式使用了通配符匹配。

```
<category>
    <pattern>* FOR ME<pattern>
    <template>I'm a bot. I don't <star/>. Ever.</template>
</category>
```

这里，*通配符匹配了 FOR ME 之前的一个或多个单词，然后在返回的输出模板中重复这些内容。如果用户输入"Dance for me!"，回复就是"I'm a bot. I don't dance. Ever."。

正如你所见，这些规则并没有产生任何接近于真实智力的东西，但有一些技巧让人们产生了幻觉。一个更棒的能力是根据话题的内容，产生相应的答复。

例如，以下是找到话题的规则。

```
<category>
    <pattern>I LIKE TURTLES</pattern>
```

```
      <template>I feel like this whole <set name="topic">turle</set>
         thing could be a problem. What do you like about them?
      </template>
   </category>
```

一旦设置了话题，那么就可以匹配上特定于该上下文的规则。

```
<topic name="turtles">

   <category>
    <pattern>* SHELL IS *</pattern>
    <template>I dislike turtles primarily because of their shells.
       What other creepy things do you like about turtles?
    </template>
   </category>

   <category>
    <pattern>* HIDE *</pattern>
    <template>I wish like a turtle that I could hide from this conversation.
</template>
   </category>


</topic>
```

让我们看看这个交互大致是什么样子的。

```
>I like turtles!
>I feel like this whole turtle thing could be a problem. What do you like
about them?
>I like how they hide in their shell
>I wish like a turtle I could hide from this conversation.
```

你可以看到，谈话的连续性增强了现实感。

你可能认为在深度学习的时代，这不是最先进的技术，你是对的。虽然大多数机器人都是基于规则的，但下一代的聊天机器人正在浮现，它们是基于神经网络的。

2015 年，Google 的 Oriol Vinyas 和 Quoc Le 发表了一篇论文（https://arxiv.org/pdf/1506.05869v1.pdf），描述了基于序列到序列模型的神经网络构造。这种类型的模型将输入序列，例如"ABC"，映射到诸如"XYZ"的输出序列。这些输入和输出可以是从一种语言到另一种语言的翻译。然而，在他们的工作案例中，训练数据不再是语言翻译，而是技术支持的对话脚本和电影中的对白。虽然这两个模型的结果都很有趣，但基于电影对白模型的互动却更加引人注目。

图 9-5 是从论文中截取的交互样例。

Human: *who is skywalker ?*
Machine: *he is a hero .*
Human: *who is bill clinton ?*
Machine: *he 's a billionaire .*
Human: *is sky blue or black ?*
Machine: *blue .*
Human: *does a cat have a tail ?*
Machine: *yes .*
Human: *does a cat have a wing ?*
Machine: *no*
Human: *can a cat fly ?*
Machine: *no .*
Human: *how many legs does a cat have ?*
Machine: *four , i think .*

图 9-5

这些都不是由人类显式编码的或存在于训练集中，然而，看着这些就像和真人交谈，不禁让人有点恐惧。让我们看看更多的内容，如图 9-6 所示。

Human: *what do you think about tesla ?*
Machine: *he 's a good conductor .*
Human: *what do you think about bill gates ?*
Machine: *he 's a good man .*
Human: *What do you think about messi ?*
Machine: *he 's a great player .*
Human: *what do you think about cleopatra ?*
Machine: *oh , she 's very regal .*
Human: *what do you think about england during the reign of elizabeth ?*
Machine: *it was a great place .*

图 9-6

注意，模型回答时似乎考虑了性别（他，她）、地理（英格兰）和职业（球员）。即使是有关意义、伦理和道德的问题，表现得也不错，如图 9-7 所示。

Human: *what is the purpose of life ?*
Machine: *to serve the greater good .*
Human: *what is the purpose of living ?*
Machine: *to live forever .*

图 9-7

会话还在继续，如图 9-8 所示。

> **Human:** *okay , i need to know how should i behave morally ...*
> **Machine:** *i don 't know how to tell you .*
> **Human:** *is morality and ethics the same ?*
> **Machine:** *yes , sir .*
> **Human:** *what are the things that i do to be immoral ?*
> **Machine:** *i don 't know .*
> **Human:** *give me some examples of moral actions ...*
> **Machine:** *i 'm not a moralist .*
> **Human:** *alright , morality ?*
> **Machine:** *integrity .*

图 9-8

如果这个对话脚本没有让你对未来产生轻微的恐惧感，那么你可能已经是某种形式的人工智能产物了。

我真心推荐你阅读整篇论文。它写得不是过于技术化，而且肯定能让你了解这项技术目前发展的进度。

我们谈了很多关于聊天机器人的历史、类型和设计，现在让我们继续，创建一个属于自己的机器人吧！

9.4 打造一个聊天机器人

现在，了解了聊天机器人有哪些可能性，你很可能想打造一个最好的、最先进的、Google 级别的机器人，对吧？好吧，现在不要想着那些了，因为我们会做相反的事情！我们将建立史上最糟糕的机器人！

让我告诉你为什么。要创建一个与 Google 所造的机器人相媲美的聊天机器人，需要大量的硬件和时间。在你的 MacBook Pro 上，无论使用何种真实训练集进行学习，模型通常都要耗费一个月或两个月的时间，你是无法速成它的。这意味着你不得不在 Amazon 的 AWS 上租用一些时间，而且也不是随随便便什么机器都能满足需求的。这类机器需要有一些强力的性能规格，最好是 GPU。尝试这些当然是好事情。但是，如果你的目标只是建立一些酷炫、吸引人的东西，那么下面的内容就可以帮助到你。

我也应该提前警告你，虽然 Cleverbot 不是微软的 Tay，但对话的口味可能还是会有点重。如果你很容易被冒犯，那你可能需要另一个不同的训练集。

好，让我们开始吧！

首先，和往常一样，我们需要训练数据。一如既往，这是整个过程中最具挑战性的一步。幸运的是，我找到了一个超赞的会话数据库。网站 notsocleverbot.com 让人们提交他们与 Cleverbot 之间最荒谬的对话。有了这个训练集，夫复何求？

让我们来看看 Cleverbot 和该站点用户之间的对话示例，如图 9-9 所示。

```
User: *lightsaber battle*.
Cleverbot: Luke I am your father.
User: *swings with lightsaber*.
Cleverbot: *Blocks* *Swings lightsaber*.
User: *blocks stabs with lightsaber*.
Cleverbot: *pushes back with the force*.
User: *pulls out gun*.
Cleverbot: *Pulls out nuke*.
User: *pulls out chuck norris*.
Cleverbot: *pulls out God*.
User: *pulls out universe*.
Cleverbot: *pulls out his mom*.
User: Mommy... *sobs*.
Cleverbot: *curls up and cries*.
User: *cuddles and cries*.
Cleverbot: *kisses neck softly*.
User: *cries more*.
Cleverbot: *kisses tears more*.
User: *cries even more*.
Cleverbot: *Whispers* It's ok.
User: *still sobs*.
Cleverbot: *snaps neck*.
User: WTF?!
```

图 9-9

所以，我们将从这里开始。首先，我们需要从这个网站下载对话脚本。为此，我们将使用和第 2 章相同的工具 import.io，如图 9-10 所示。

图 9-10

你只需将链接粘贴到页面上的表单中即可。输入的格式就像这样：`http://www.notsoc leverbot.com/index.php?page=1`。

一旦提交，网站 `import.io` 就将处理请求并返回一个页面，就像图 9-11 这样。

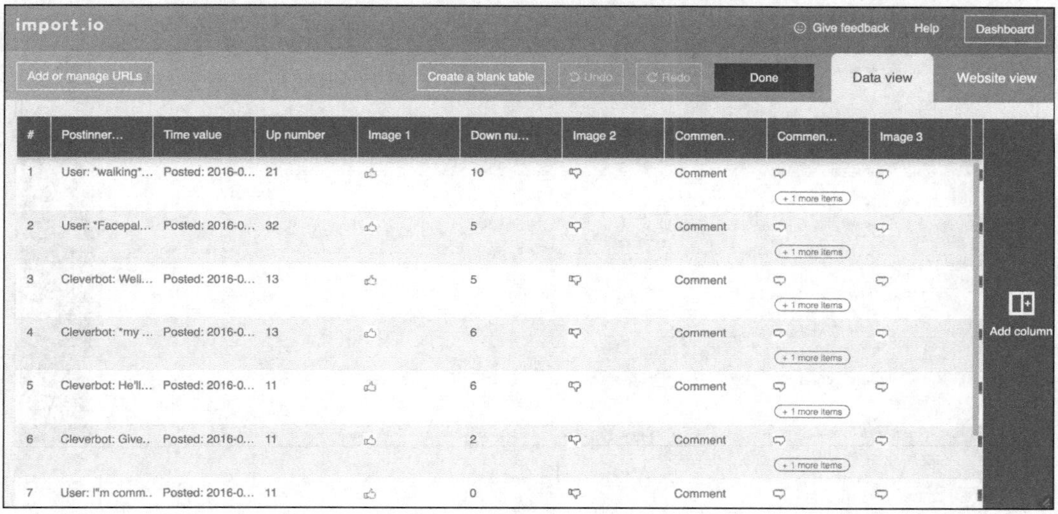

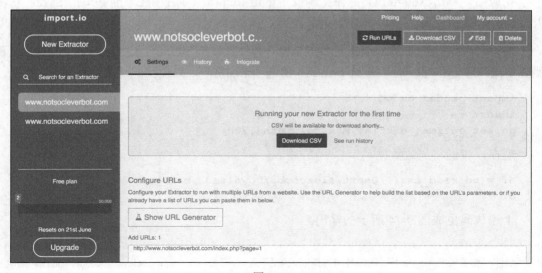

图 9-11

如果从这里看一切正常，请单击右上角附近的粉色"Done"按钮。

网站 `import.io` 将处理该页面，然后将带你到图 9-12 这样的界面。

图 9-12

接下来，单击中间的 Show URL Generator 按钮，如图 9-13 所示。

图 9-13

接下来，你可以设置要下载的数字范围。例如，1～20，每次 1 个。显然，你抓取的页面越多，这个模型就会越好。但是，请记住，你的请求会对服务器造成压力，所以使用时请体贴一些①。

完成后，单击 Add to List 并在文本框中单击 Return，然后你应该能够单击 Save。它将开始运行，完成之后，你可以将数据下载为 CSV 文件。

接下来，我们将使用 Jupyter 记事本来检查和处理数据。首先导入 pandas 和 Python 正则表达式的库 re。我们还要设置 pandas 的选项来加宽列，以便我们可以更好地看清数据。

```
import pandas as pd
import re
pd.set_option('display.max_colwidth',200)
```

现在，我们将加载数据。

```
df = pd.read_csv('/Users/alexcombs/Downloads/nscb.csv')
df
```

上述代码生成图 9-14 所示的输出。

---

① 译者注：作者的意思是，不要在短时间内抓取大量网页，否则会对 www.notsocleverbot.com 产生过大的流量压力。

	Postinner link	Postinner link_link	Time value	Up number	Image 1
0	User: *walking*\nCleverbot: *looks at you and winks* ;)\nUser: O.O *walks faster*\nCleverbot: *catches up with you and pins you against a wall*\nUser: *eyes widen* W-What do you want?\nCleverbot: ...	http://www.notsocleverbot.com/index.php?i=48277	Posted: 2016-04-18 04:30:53	21	http://www.notsocleverbot.com/images/thumbs_
1	User: *Facepalm* You are so stupid, you know that, right?\nCleverbot: I cannot argue with you.\nUser: So you admit your idiocy.\nCleverbot: You're all and I am nothing.\nUser:	http://www.notsocleverbot.com/index.php?i=48275	Posted: 2016-04-16 22:39:34	32	http://www.notsocleverbot.com/images/thumbs_

图 9-14

由于我们只对第一列的对话数据感兴趣，将其拆解出来。

```
convo = df.iloc[:,0]
convo
```

上述代码生成图 9-15 所示的输出。

```
0       User: *walking*\nCleverbot: *looks at you and winks* ;)\nUser: O.O *walks faster*\nCleverbot: *catches up wi
th you and pins you against a wall*\nUser: *eyes widen* W-What do you want?\nCleverbot: ...
1       User: *Facepalm* You are so stupid, you know that, right?\nCleverbot: I cannot argue with you.\nUser: So you
admit your idiocy.\nCleverbot: You're all and I am nothing.\nUser: Yess!!!\nCleverbot: ...
2                                                     Cleverbot: Well, my wife left
me today.\nUser: Feels bad for you.\nCleverbot: Not really, I have an amazing boyfriend :).
3               Cleverbot: *my dragongirl chest fills with dragon milk*.\nUser: WHAT THE ACTUAL FUC
K?!?!!?\nCleverbot: *gives birth to dragon baby*\nUser: WHAT. THE. FUCK. HAPPENED. TO. CLEVERBOT.
4                                                 Cleverbot: He'll have to sit and watch them al
l.\nUser: What the frick are you talking about.\nCleverbot: Something more pleasant than you!
5           Cleverbot: Give me a riddle.\nUser: What has a head but no body . has a bed but never sleeps . runs but neve
r walks.\nUser: What? I don't know.\nCleverbot: A river.\nUser: A river is not a fl...
6           User: I"m commander shepard.\nCleverbot: Really?\nUser: Yupp.\nCleverbot: That's nice. Can I meet your frien
d?\nUser: Garrus or Tali.\nCleverbot: Garrus because he is more impressive.\nUser: Okay ...
```

图 9-15

从图 9-15，我们可以看到用户和 Cleverbot 之间的交互，以及对话的启动。为了获取我们所需的格式，需要将数据解析成问题和答复的配对。我们不一定关心谁说了什么，但我们关心将每个答复和问题对应起来。稍后我们将理解这是为什么。现在让我们在文本上执行一些正则表达式。

```
clist = []
def qa_pairs(x):
    cpairs = re.findall(": (.*?)(?:$|\n)", x)
    clist.extend(list(zip(cpairs, cpairs[1:])))
convo.map(qa_pairs);
convo_frame = pd.Series(dict(clist)).to_frame().reset_index()
convo_frame.columns = ['q', 'a']
```

上述代码将产生图 9-16 所示的输出。

16	" i cant beleieve i spelled now wrong"	So now you are calling me silly?
17	"72	WTF *TAKES OFF SUNGLASSES MOTHER OF GOD*
18	"Darling so there you are, with that look on your face".	I am wearing leggings and a leotard, what are you wearing?
19	"Eats you mom".	No.
20	"Help me, I'm pregnant.".	Boo. You need better jokes.
21	"I have a gun, get in the van".	I have the power to flush you.
22	"I kind of liked it your way, how you shyly placed your eyes on me".	Oh did you ever know? That I had mine on you.
23	"I"	You're ridiculous
24	"If frown is shown then I will know that you are no dreamer".	I am not Bill Gates. I am Martin Levenius. But that was obvious logic, it is tautological.

图 9-16

好吧，这里有很多代码。刚刚发生了什么？我们首先创建了一个列表来保存问题和答复的元组。然后我们通过一个函数来切分对话，使用正则表达式将它们变为匹配的对。

最后，我们将列标记为 q 和 a，并将所有的数据放入一个 pandas 的 DataFrame。

我们现在将应用一点算法的魔术，为用户的输入匹配最接近的问题。

```
from sklearn.feature_extraction.text import TfidfVectorizer
from sklearn.metrics.pairwise import cosine_similarity
vectorizer = TfidfVectorizer(ngram_range=(1,3))
vec = vectorizer.fit_transform(convo_frame['q'])
```

我们在上面的代码中所做的是，导入 TfidfVectorization 库和余弦相似度的库。然后我们使用训练数据来创建 tf-idf 矩阵。现在可以使用这个来转换我们自己的新问题，并测量该问题与训练集中现有问题间的相似度。

我们在第 5 章详细讨论了余弦相似度和 tf-idf 算法，所以如果你想了解它们运作的细节，请参考第 5 章。

让我们现在获取相似度分数。

```
my_q = vectorizer.transform(['Hi. My name is Alex.'])
cs = cosine_similarity(my_q, vec)
rs = pd.Series(cs[0]).sort_values(ascending=0)
top5 = rs.iloc[0:5]
top5
```

上述代码生成图 9-17 的输出。

我们在这里看什么？这里列出了和我提出的问题最接近的前五个问题，以及它们之间的余弦相似度。左边是索引编号，右边是余弦相似度。让我们来看看这些问题。

```
convo_frame.iloc[top5.index]['q']
```

这将产生图 9-18 所示的输出。

29799	0.638891
53118	0.537884
29802	0.531098
29801	0.528135
46095	0.460475

图 9-17

29799	Hi my name is Cleverbot.
53118	Okay your name is Alex.
29802	Hi my name is pat
29801	Hi my name is lune.
46095	My name is.

图 9-18

我们可以看到，没有一个问题和我的输入是完全相同的，但肯定有一些相似之处。

再来看看答复。

```
rsi = rs.index[0]
rsi
convo_frame.iloc[rsi]['a']
```

上述代码将产生图 9-19 所示的输出。

好吧，我们的机器人似乎已经表明了态度。让我们再进一步。

我们将创建一个方便的函数，这样可以轻松地测试一系列的语句。

```
def get_response(q):
    my_q = vectorizer.transform([q])
    cs = cosine_similarity(my_q, vec)
    rs = pd.Series(cs[0]).sort_values(ascending=0)
    rsi = rs.index[0]
    return convo_frame.iloc[rsi]['a']
get_response('Yes, I am clearly more clever than you will ever be!')
```

这将产生图 9-20 所示的输出。

'Are you clever or something.'

图 9-19

'Prove it.'

图 9-20

显然，我们创造了一个怪物，所以继续吧。

```
get_response('You are a stupid machine. Why must I prove anything to you?')
```

这将产生图 9-21 所示的输出。

我很享受这个。让我们继续前进。

```
get_response('My spirit animal is a menacing cat. What is yours?')
```

> 'Right you are.'

图 9-21

> 'NAME!!!!!!!!!!'

图 9-22

我回答说：

`get_response('I mean I didn't actually name it.')`

这将产生图 9-23 的输出。

继续：

`get_response('Do you have a name suggestion?')`

这将产生图 9-24 所示的输出。

> '*throws pillow*.'

图 9-23

> 'KAHHHHHHN. Do YOU have a name.'

图 9-24

我回答：

`get_response('I think it might be a bit aggressive for a kitten')`

这将产生图 9-25 所示的输出。

我试图平息局面：

`get_response('No need to involve the police.')`

这将产生图 9-26 所示的输出。

> "I'm calling the police."

图 9-25

> 'I want to talk to you forever.'

图 9-26

最后：

`get_response('And I you, Cleverbot')`

这将产生图 9-27 所示的输出。

显然，这可能是我近期最好的对话之一了：包括机器
人和真实的人。

> "No. I'm Clevercake."

图 9-27

现在我们已经创建了这个基于蛋糕①的智能，这里要设置一下，以便我们可以通过短信
的方式与其聊天。

为了达到这个目的，我们还需要一些东西。第一个是 twilio 账户。他们将提供一个免

---

① 暗合刚刚出现的 "clevercake"。

费的账户，让我们发送和接收短信，如图 9-28 所示。

图 9-28

跳转到 http://www.twilio.com 的网页，单击注册一个免费的开发者 API 密钥。你会设置一些登录凭据，然后他们将向你的手机发送短信以确认你的号码。设置完成后，你就可以在 Quickstart 文档中找到详细信息。请确保你在左上角的下拉菜单中选择了 Python，如图 9-29 所示。

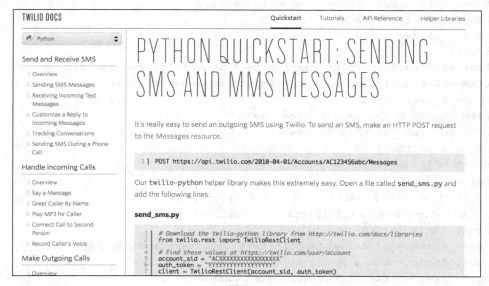

图 9-29

从 Python 代码发送消息很简单，但是你需要请求一个 twilio 的号码。在代码中，你将使用这个号码发送和接收消息。接收消息稍微有点复杂，因为它需要你运行一个 Web 服务器。文档很简洁，所以设置它不会让你太难熬。你需要一个公共 Web 能访问的 Flask[①]服务

---

① 译者注：Flask 是一个使用 Python 编写的轻量级 Web 应用框架。

器 URL 地址，并将其粘贴到你管理 twilio 号码的区域之下方。只需单击号码，它就会带你
到粘贴网址的地方，如图 9-30 所示。

▼ Messaging		View Messages　Inbound | Outbound
Configure with	○ URL　○ TwiML App　○ Messaging Service	
Request URL ❷	http://some_public_facing_flask_url.com	HTTP POST ▾
Fallback URL ❷	https://demo.twilio.com/welcome/sms/reply/	HTTP POST ▾

图 9-30

一旦这些都设置完成，你只需要确保 Flask Web 服务器启动并运行。这里，我压缩了
所有的代码，可以用于你的 Flask 应用程序。

```python
from flask import Flask, request, redirect
import twilio.twiml
import pandas as pd
import re
from sklearn.feature_extraction.text import TfidfVectorizer
from sklearn.metrics.pairwise import cosine_similarity
app = Flask(__name__)
PATH_TO_CSV = 'your/path/here.csv'
df = pd.read_csv(PATH_TO_CSV)
convo = df.iloc[:,0]
clist = []
def qa_pairs(x):
    cpairs = re.findall(": (.*?)(?:$|\n)", x)
    clist.extend(list(zip(cpairs, cpairs[1:])))
convo.map(qa_pairs);
convo_frame = pd.Series(dict(clist)).to_frame().reset_index()
convo_frame.columns = ['q', 'a']
vectorizer = TfidfVectorizer(ngram_range=(1,3))
vec = vectorizer.fit_transform(convo_frame['q'])
@app.route("/", methods=['GET', 'POST'])
def get_response():
    input_str = request.values.get('Body')
    def get_response(q):
        my_q = vectorizer.transform([input_str])
        cs = cosine_similarity(my_q, vec)
        rs = pd.Series(cs[0]).sort_values(ascending=0)
```

```
        rsi = rs.index[0]
        return convo_frame.iloc[rsi]['a']
resp = twilio.twiml.Response()
if input_str:
    resp.message(get_response(input_str))
    return str(resp)
else:
    resp.message('Something bad happened here.')
    return str(resp)
```

看起来有很多的事情，但实际上我们使用了和之前相同的代码，只是现在我们抓取了 twilio 发送的 POST 数据——消息正文——而不是之前手动输入 `get_request` 函数的数据。

如果所有都按计划进行，你应该已经拥有了自己的搞怪好友，你可以随时向它发送短消息，还有什么比这更棒的？

9.5　小结

在本章中，我们对聊天机器人进行了全面的探讨。很明显，我们是这类应用程序的弄潮儿。希望本章激励了你，创建自己的机器人，但如果没有，至少你对这些应用的原理，以及它们如何塑造我们的未来，有了更加丰满的理解。

我会让应用程序说出结束语。

get_response("Say goodbye, Clevercake")

这将产生图 9-31 的输出。

图 9-31

在下一章中，我们将进入推荐引擎的世界。

第 10 章
构建推荐引擎

像许多事情一样，该话题源于沮丧和僵硬的鸡尾酒。这是一个星期六，两个年轻人晚上依旧没有和女生约会。他们坐在一起喝了很多酒，相互分享了很多悲伤的事情，渐渐地这两个哈佛大一新生开始思考一个问题。如果不是依靠随机的机会，而是使用一个电脑算法来发现合适的女孩，这会怎么样？

他们觉得匹配人的关键是创建一组问题。每个人都会在头几次尴尬的约会上寻找一些信息，而这组问题就是为大家提供这样的信息。使用这些问卷进行候选人的匹配，那么没有任何希望的约会就被消灭在萌芽之中。这个过程将是相当有效的。

想法是向波士顿和全国的大学生推销他们的新服务。马上，他们就这么做了。

不久之后，他们建立的数字配对服务取得了巨大的成功。它受到全国媒体的关注，并在后面的几年内生成了数万的匹配。

事实上，这家公司是如此的成功，一家更大的公司为了使用其技术，最终将其收购。

如果你认为我可能在谈论 OkCupid，那么你会错了——差不多有 40 年的误差。我所说的公司是在 1965 年开始的——当时，匹配的计算是通过 IBM 1401 大型机上的穿孔卡来实现的。它花了三天时间来运行计算。

奇怪的是，OkCupid 和 1965 年的前辈，Compatibility Research 公司，之间是有关联的。Compatibility Research 的联合创始人是 Jeff Tarr，他的女儿 Jennifer Tarr 是 OkCupid 联合创始人 Chris Coyne 的妻子。世界真的很小。

为什么这些与构建推荐引擎的内容相关？这是因为该系统很可能是第一个推荐引擎。虽然大多数人认为推荐引擎作为工具，是用于寻找和他们喜好紧密相关的产品、音乐和电影，但最原始的应用是找到潜在的伴侣。关于这些系统如何工作，它提供了一个很好的参考框架。

在本章中，我们将探讨不同类型的推荐系统。我们将了解它们的商业化实现，以及内部的工作原理。最后，我们会实现自己的推荐引擎，找到适合的 GitHub 资料库。

本章将讨论以下主题。

- 协同过滤。

- 基于内容的过滤。

- 混合系统。

- 构建推荐引擎。

10.1 协同过滤

在 2012 年初，爆出了这样一则新闻故事：一位男子进入一家 Target[①]商店，挥舞着手中的一叠优惠券，这些都是 Target 邮寄给他还在读高中的女儿的。他来的目的是谴责经理，因为这套优惠券都是诸如婴儿服装、配方奶和幼儿家具这类商品专享的。

听到顾客的投诉，经理再三道歉。他感觉很糟糕，想在几天后通过电话跟进，解释这是怎么回事。这个时候，反而是这位父亲在电话里进行了道歉。看来他的女儿确实是怀孕了。她的购物习惯泄露了她的这个秘密。

出卖这位女生的算法很可能是，至少部分是，基于协同过滤。

那么，什么是协同过滤？

协同过滤（collaborative filtering）是基于这样的想法，在某处总有和你趣味相投的人。假设你和趣味相投的人们评价方式都非常类似，而且你们都已经以这种方式评价了一组特定的项目，此外，你们每个人对其他人尚未评价的项目也有过评价。正如已经假设的那样，你们的口味是类似的，因此可以从趣味相投的人们那里，提取具有很高评分而你尚未评价的项目，作为给你的推荐，反之亦然。在某种程度上，这点和数字化配对非常相像，但结果是你喜欢的歌曲或产品，而不是与异性的约会。

对于怀孕的高中生这个案例，当她购买了无味的乳液、棉球和维生素补充剂[②]之后，她

---

① 译者注：Target 是美国知名的零售连锁店。

② 译者注：这些是刚刚怀孕的母亲会经常购买的。

可能就和那些稍后继续购买婴儿床和尿布的人匹配上了。

10.1.1　基于用户的过滤

让我们通过一个例子来看看实践中这是如何运作的。

我们将从被称为效用矩阵（utility matrx）的东西开始。它和词条-文档矩阵相类似，不过这里我们表示的是产品和用户，而不再是词条和文档。

这里，我们假设有顾客 A 到 D，以及他们所评分的一组产品，评分从 0 到 5，如表 10-1 所示。

表 10-1

	Snarky's Potato Chips	SoSo SmoothLotion	Duffly Beer	BetterTap Water	XXLargeLivin' Football Jersey	SnowyCott onBalls	Disposos'Di apers
A	4		5	3	5		
B		4		4		5	
C	2		2		1		
D		5		3		5	4

之前我们看到，当想要查找类似的项目时，可以使用余弦相似度。让我们在这里试试。我们将为用户 A 发现最相似的其他顾客。由于这里的向量是稀疏的，包含了许多未评分的项目，我们将在这些缺失的地方输入一些默认值。这里填入 0。我们从用户 A 和用户 B 的比较开始。

```
from sklearn.metrics.pairwise import cosine_similarity
cosine_similarity(np.array([4,0,5,3,5,0,0]).reshape(1,-1),\
                  np.array([0,4,0,4,0,5,0]).reshape(1,-1))
```

上述代码生成图 10-1 的输出。

我们可以看到，这两者没有很高的相似性，这是有道理的，因为他们没有多少共同的评分。

现在来看看用户 C 与用户 A 的比较。

```
cosine_similarity(np.array([4,0,5,3,5,0,0]).reshape(1,-1),\
                  np.array([2,0,2,0,1,0,0]).reshape(1,-1))
```

上述代码生成图 10-2 的输出。

array([[0.18353259]])

图 10-1

array([[0.88527041]])

图 10-2

这里，我们看到他们有很高的相似度（记住 1 是完美的相似度），尽管他们对同样产品的评价有所不同。为什么得到了这样的结果？[①]问题在于我们对没有评分的产品，选择使用 0 分。它表示强烈的（负的）一致性。在这种情况下，0 不是中性的。

那么，如何解决这个问题？

我们可以做的是重新生成每位用户的评分，并使得平均分变为 0 或中性，而不是为缺失值简单地使用 0。我们拿出每位用户的评分，将其减去该用户所有打分的平均值。例如，对于用户 A，他打分的平均值为 `17/4`，或 `4.25`。然后我们从用户 A 提供的每个单独评分中减去这个值。

一旦完成，我们继续找到其他用户的平均值，从他们的每个评分中减去该均值，直到对每位用户完成该项操作。

这个过程后将产生表 10-2。请注意，每行的用户评分总和为 0（这里忽略四舍五入带来的问题）。

表 10-2

	Snarky's Potato Chips	SoSo SmoothLotion	Duffly Beer	BetterTap Water	XXLargeLivin' Football Jersey	SnowyCot tonBalls	Disposos' Diapers
A	-0.25		0.75	-1.25	0.75		
B		-0.33		-0.33		0.66	
C	0.33		0.33		-0.66		
D		0.75		-1.25		0.75	-0.25

让我们在新的数据集上尝试余弦相似度。再次将用户 A 和用户 B、C 进行比较。

首先，A 和 B 之间的比较如下。

```
cosine_similarity(np.array([-.25,0,.75,-1.25,.75,0,0])\
                  .reshape(1,-1),\
                  np.array([0,-.33,0,-.33,0,.66,0])\
                  .reshape(1,-1)
```

上述代码生成图 10-3 的输出。

现在，我们试试看 A 和 C。

```
cosine_similarity(np.array([-.25,0,.75,-1.25,.75,0,0])\
                  .reshape(1,-1),\
```

---

① 译者注：作者的意思是，A 和 C 对相同项目的评分有较大差距，他们不应该有如此高的相似度。

```
np.array([.33,0,.33,0,-.66,0,0])\
.reshape(1,-1))
```

上述代码生成图 10-4 的输出。

```
array([[ 0.30772873]])
```

```
array([[-0.24618298]])
```

图 10-3 　　　　　　　　　　　　　　　图 10-4

我们可以看到，A 和 B 之间的相似度略有增加，而 A 和 C 之间的相似度显著下降。这正是我们所希望的。

这种中心化的过程除了帮助我们处理缺失值之外，还有其他好处，例如帮助我们处理不同严苛程度的打分者，现在每位打分者的平均分都是 0 了。注意，这个公式等价于 Pearson 相关系数，取值落在 -1 和 1 之间。

让我们现在采用这个框架，使用它来预测产品的评分。我们将示例限制为三位用户 X、Y 和 Z，我们将预测 X 尚未评价，而和 X 非常相似的 Y 和 Z 已经评过的产品，对于 X 而言会得到多少分。

我们先从每位用户的基本评分开始，如表 10-3 所示。

表 10-3

	Snarky's Potato Chips	SoSo SmoothLotion	Duffly Beer	BetterTapWater	XXLargeLivin' Football Jersey	SnowyCottonBalls	Disposos' Diapers
X		4		3		4	
Y		3.5		2.5		4	4
Z		4		3.5		4.5	4.5

接下来，我们将中心化这些评分，如表 10-4 所示。

表 10-4

	Snarky's Potato Chips	SoSo SmoothLotion	Duffly Beer	BetterTapWater	XXLargeLivin' Football Jersey	SnowyCottonBalls	Disposos' Diapers
X		0.33		-0.66		0.33	?
Y		0		-1		0.5	0.5
Z		-0.125		-0.625		0.375	0.375

现在，我们想知道用户 X 会给 Disposos' Diapers 打多少分。我们可以根据用户评分中心化之后的余弦相似度获得权重，并通过这些权重对用户 Y 和用户 Z 的评分进行加权计算。

让我们先得到用户 Y 和 X 的相似度。

```
user_x = [0,.33,0,-.66,0,33,0]
user_y = [0,0,0,-1,0,.5,.5]
    cosine_similarity(np.array(user_x).reshape(1,-1),\
    np.array(user_y). reshape(1,-1))
```

上述代码生成图 10-5 的输出。

现在计算用户 Z 和 X 的相似度。

```
user_x = [0,.33,0,-.66,0,33,0]
user_z = [0,-.125,0,-.625,0,.375,.375]

cosine_similarity(np.array(user_x).reshape(1,-1),\
                  np.array(user_z).reshape(1,-1))
```

上述代码生成图 10-6 的输出。

array([[0.42447212]])	array([[0.46571861]])
图 10-5	图 10-6

因此，我们现在有一个用户 X 和用户 Y 之间的相似度（0.42447212），以及用户 A 和用户 Z 之间的相似度（0.46571861）。

将它们整合起来，我们通过每位用户与 X 之间的相似度，对每位用户的评分进行加权，然后除以总相似度。

$$(0.42447212 \times (4) + 0.46571861 \times (4.5)) / (0.42447212 + 0.46571861) = 4.26$$

我们可以看到用户 X 对 Disposos' Diapers 的预估评分为 4.26（不低啊，最好发张优惠券！）。

10.1.2 基于项目的过滤

到目前为止，我们只了解了基于用户的协同过滤，但还有一个可用的方法。在实践中，这种方法远优于基于用户的过滤[①]，它被称为基于项目的过滤。这是它的工作原理：每个被评分项目与所有其他项目相比较，找到最相似的项，而不是根据评分历史将每位用户和所

---

① 译者注：这点不能一概而论，要根据具体的应用场景而言。

有其他用户相匹配。同时，也是使用中心化余弦相似度。

让我们来看看它是如何工作的。

再次，我们有一个效用矩阵。这一次，我们将看看用户对歌曲的评分。每一列是一位用户，而每一行是一首歌曲，如表 10-5 所示。

表 10-5

	U1	U2	U3	U4	U5
S1	2		4		5
S2		3		3	
S3	1		5		4
S4		4	4	4	
S5	3				5

现在，假设我们想知道 U3 对于 S5 的评分。这里，我们会根据用户对歌曲的评分来寻找类似的歌曲，而不是寻找类似的用户。

让我们来看一个例子。

首先，我们从每行歌曲的中心化开始，并计算其他每首歌曲和目标歌曲（即 S5）的余弦相似度，参见表 10-6。

表 10-6

	U1	U2	U3	U4	U5	CntrdCoSim
S1	-1.66		0.33		1.33	0.98
S2		0		0		0
S3	-2.33		1.66		0.66	0.72
S4		0	0	0		0
S5	-1		?		1	1

你可以看到，最右边的列是其他每行相对行 S5 的中心化余弦相似度。

接下来需要选择一个数字，k，这是我们为预测 U3 对歌曲的评分，所要使用的最近邻居数量。在这个简单的例子中，我们使用 k = 2。

我们可以看到对于歌曲 S5，S1 和 S3 是和它最相似的，所以我们将使用 U3 对这两首歌的评分（分别为 4 和 5）。

现在让我们计算评分。

```
(0.98 × (4) +0.72 × (5)) / (0.98 +0.72) = 4.42
```

因此，通过基于项目的协同过滤，我们可以看到 U3 很可能给 S5 打出高分 4.42。

之前，我提到基于用户的过滤不如基于项目的过滤有效。这是为什么呢？

很有可能，你的朋友和你有共同的爱好，但是你们每个人都有自己喜欢，而别人毫无兴趣的领域。

例如，也许你们都喜欢"权力的游戏"这部电视剧，但你的朋友也喜欢 Norwegian death metal 重金属乐队。而你死也不愿意听这种音乐。如果你们在许多方面类似——除了 death metal——那么基于用户的推荐，你仍然会看到很多关于乐队的推荐，其名称都包括火焰、斧头、头骨和大头棒这样的字眼。使用基于项目的过滤，很可能会避免让你看到这些推荐。

让我们用快速的代码示例，来总结这个问题的讨论。

首先，我们将创建 `DataFrame` 示例。

```python
import pandas as pd
import numpy as np
from sklearn.metrics.pairwise import cosine_similarity

df = pd.DataFrame({'U1':[2 , None, 1, None, 3], 'U2': [None, 3, None, 4, None],\
                   'U3': [4, None, 5, 4, None], 'U4': [None, 3, None, 4, None], 'U5': [5, None, 4, None, 5]})

df.index = ['S1', 'S2', 'S3', 'S4', 'S5']

df
```

上述代码生成图 10-7 的输出。

我们现在将创建一个函数，它将读取用户和项目的评分矩阵。对于给定的项目和用户，该函数将返回基于协同过滤的预测评分。

	U1	U2	U3	U4	U5
S1	2.0	NaN	4.0	NaN	5.0
S2	NaN	3.0	NaN	3.0	NaN
S3	1.0	NaN	5.0	NaN	4.0
S4	NaN	4.0	4.0	4.0	NaN
S5	3.0	NaN	NaN	NaN	5.0

图 10-7

```python
def get_sim(ratings, target_user, target_item, k=2):
centered_ratings = ratings.apply(lambda x: x - x.mean(), axis=1)
csim_list = []
```

```
for i in centered_ratings.index:
csim_list.append(cosine_similarity(np.nan_to_num(centered_ratings.loc[i,:].
values).reshape(1, -1),
np.nan_to_num(centered_ratings.loc[target_item,:]).reshape(1, -1)).item())
new_ratings = pd.DataFrame({'similarity': csim_list, 'rating':
ratings[target_user]}, index=ratings.index)
top = new_ratings.dropna().sort_values('similarity',
ascending=False)[:k].copy()
top['multiple'] = top['rating'] * top['similarity']
result = top['multiple'].sum()/top['similarity'].sum()
    return result
```

现在可以传入我们的值，并获得用户对项目的预测评分。

```
get_sim(df, 'U3', 'S5', 2)
```

上述代码生成图 10-8 的输出。

4.423232002361576

图 10-8

我们可以看到这与之前的分析相符。

到目前为止，我们在进行比较时，将用户和项目作为整个的实体，但是现在，让我们继续了解另一种方法，它将我们的用户和项目分解为所谓的特征集合。

10.2   基于内容的过滤

作为一个音乐家，Tim Westergren 花了几年时间倾听其他有天赋的音乐家的作品，想知道为什么他们永远不能拔尖。他们的音乐很好，和你在电台收听到的那些一样好。然而，不知何故，他们从来没有大的突破。他想，一定是因为他们的音乐没有在足够的、合适的人们面前展示。

Tim 最终退出了音乐家的工作，开始从事电影背景音乐的作曲。在那里，他开始思考每一块音乐自己独特的结构或 DNA，并可以将其分解为不同的组成部分。

思考一番之后，他开始考虑围绕这个想法创建一家公司，建立一系列音乐的基因组。他的一位朋友曾经创建并出售了一家公司，Tim 让他来运作这个想法。Tim 的朋友喜欢他的想法，并开始帮助他写一个商业计划，并为该项目收集了首轮融资。行动开始了。

在接下来的几年里，他们雇用了一小群音乐家，对上百万首音乐细致地编写了几乎 400 个不同的特征，每个特征从 0 到 5 进行打分——所有都是通过手，或者说是通过耳朵进行的。每首 3 到 4 分钟长的歌曲需要几乎半小时的评级。

这些特征包括如此的参数：如领唱歌手的声音有多的沉重，或节奏是每分钟多少拍。

他们花费了近一年的时间完成了首个原型。它完全使用 Excel 中的 VBA 宏构建，花了差不多 4 分钟才返回一次推荐结果。但是，最后，它成功了，运作得非常好。

我们现在知道这家公司就是 Pandora Music，你很可能已经听说过或使用过其产品，因为每天它有来自世界各地数百万的用户。毫无疑问，它是基于内容过滤的成功范例。

在基于内容的过滤中，不再将每首歌曲视为一个不可分割的单位，而是将它变成特征向量，然后就可以使用我们的老朋友余弦相似度进行比较。

不仅歌曲可以被分解成为特征向量，听众也可以被转化为特征向量。听众的品味描述成为了空间中的向量，使我们可以测量他们的品味描述和歌曲本身之间的相似程度。

对于 Tim Westergren 来说，这是神奇的，因为不像其他推荐引擎依赖于音乐的人气，这个系统的推荐是基于固有的结构相似性。也许有人从来没有听过歌曲 X，但如果他们喜欢歌曲 Y，那么他们应该喜欢歌曲 X，因为这两首歌在基因上是几乎相同的。这就是基于内容的过滤。

10.3 混合系统

我们已经学习了推荐系统的两种主要形式。但是，需要注意的是，在任何大规模生产环境中，推荐引擎可能同时利用这两项技术。这被称为混合系统，人们喜欢混合系统的原因是，它有助于消除使用单一系统时可能存在的缺点。这两个系统在一起，创建了更强大的解决方案。

让我们检查每种类型的利弊。

协同过滤的优点如下。

* 没有必要手动创建特征。

协同过滤的缺点如下。

* 如果没有大量的项目和用户，它不能正常工作。

* 当项目数量远远超过可能被购买的数量时[①]，效用矩阵会有稀疏性。

---

① 译者注：推荐引擎一般用于电子商务，所以效用矩阵里的评分通常代表购买。在其他应用场景中，"被购买"等同于"被评分"。

基于内容的过滤的优点如下。

- 它不需要大量的用户。

基于内容的过滤的缺点如下。

- 定义正确的特征可能是一个挑战。

- 缺乏"意外的惊喜"[①]。

当一家公司缺乏大量的用户群，基于内容的过滤是更好的选择，但是随着公司的增长，加入协同过滤可以帮助我们为用户提供更多的"惊喜"。

现在你已经熟悉推荐引擎的类型和内部工作原理了，让我们开始构建自己的引擎吧。

10.4　构建推荐引擎

我喜欢的一件事是偶遇一个非常有用的 GitHub 资源库。有非常多的资源库，包括人为管理的机器学习教程，几十行使用 ElasticSearch 的代码包等等。麻烦的是，找到这些库远比想象的困难。幸运的是，我们现在懂得利用 GitHub 的 API，在一定程度上帮助我们发现这些代码的珍宝。

我们将使用 GitHub API，创建基于协同过滤的推荐引擎。这个计划是获得所有我已经加上了星号的资料库，然后得到这些库的全部创作者。然后再获取这些作者添加过星号的所有资料库。一旦完成，我们可以比较已加星标的资料库，找到和我最相似的用户（如果你自己也运行 GitHub 的资料库，我建议查找和你最相似的用户）。一旦发现了最相似的GitHub 用户，我们可以使用他们所加星的（而我没有加过星号的）资料库来生成一组推荐。

让我们开始吧。首先，我们将导入需要的库。

```
import pandas as pd
import numpy as np
import requests
import json
```

现在，你需要开立一个 GitHub 账户，并为一些资料库打上星号，但你不需要注册开发人员项目。你可以从个人资料中获取授权令牌，它允许你使用 API。你也可以在代码中使用它，但其限制相当严格，对于我们的示例用处不大。

---

① 译者注：推荐引擎有一个重要的评估指标是能否为用户带来意外的惊喜，为其推荐他们没有想到，但确实喜欢的物品。

为了创建用于 API 的令牌，请访问以下 URL `https://github.com/settings/`
`tokens`。在这里，你将在右上角看到一个按钮，如图 10-9 所示。

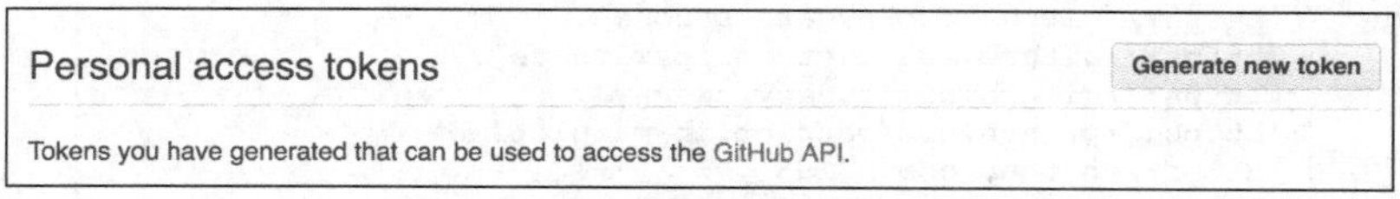

Personal access tokens　　　　　　　　　　　　　　Generate new token

Tokens you have generated that can be used to access the GitHub API.

图 10-9

你需要单击 Generate new token 按钮。一旦完成，你需要将提供的令牌复制到以下代码
中。请确保这两者都包含于引号中。

```
myun = YOUR_GITHUB_HANDLE
mypw = YOUR_PERSONAL_TOKEN
```

现在，我们将创建一个函数，它将拉取你已加星标的每个资料库的名称。

```
my_starred_repos = []
def get_starred_by_me():
    resp_list = []
    last_resp = ''
    first_url_to_get = 'https://api.github.com/user/starred'
    first_url_resp = requests.get(first_url_to_get, auth= (myun,mypw))
    last_resp = first_url_resp
    resp_list.append(json.loads(first_url_resp.text))

    while last_resp.links.get('next'):
        next_url_to_get = last_resp.links['next']['url']
        next_url_resp = requests.get(next_url_to_get, auth= (myun,mypw))
        last_resp = next_url_resp
        resp_list.append(json.loads(next_url_resp.text))

    for i in resp_list:
        for j in i:
            msr = j['html_url']
            my_starred_repos.append(msr)
```

这里有很多操作，但实质上，我们就是查询 API 以获取自己加过星标的资料库。GitHub
使用分页，而不是在一次调用中返回所有结果。因此，我们需要检查从每个响应返回
的 `.links`。只要有下一个链接可以调用，我们就继续这样做。

接下来，我们只需要调用创建的函数。

```
get_starred_by_me()
```

然后，我们可以看到已加星标资料库的完整列表。

my_starred_repos

此代码将产生类似于图 10-10 的输出。

```
['https://github.com/pydata/pandas',
 'https://github.com/ipython/ipywidgets',
 'https://github.com/tweepy/tweepy',
 'https://github.com/matplotlib/matplotlib',
 'https://github.com/d3/d3',
 'https://github.com/JohnLangford/vowpal_wabbit',
 'https://github.com/tensorflow/tensorflow',
 'https://github.com/scikit-learn/scikit-learn',
 'https://github.com/chncyhn/flappybird-qlearning-bot',
 'https://github.com/josephmisiti/awesome-machine-learning',
 'https://github.com/vinta/awesome-python',
```

图 10-10

接下来，我们需要解析每个已加星标资料库的用户名，这样就可以检索他们曾经标记的库。

```
my_starred_users = []
for ln in my_starred_repos:
    right_split = ln.split('.com/')[1]
    starred_usr = right_split.split('/')[0]
    my_starred_users.append(starred_usr)
```

```
['pydata',
 'ipython',
 'tweepy',
 'matplotlib',
 'd3',
 'JohnLangford',
 'tensorflow',
 'scikit-learn',
 'chncyhn',
 'josephmisiti',
 'vinta',
 'yawitzd',
 'ujjwalkarn',
```

图 10-11

my_starred_users

上述代码生成图 10-11 的输出。

现在，我们已经获得了所有加星标资料库的作者，下面需要检索他们所加标的库，以下函数将会实现这一点。

```
starred_repos = {k:[] for k in set(my_starred_users)}
def get_starred_by_user(user_name):
    starred_resp_list = []
    last_resp = ''
    first_url_to_get = 'https://api.github.com/users/'+ user_name +'/starred'
    first_url_resp = requests.get(first_url_to_get, auth= (myun,mypw))
    last_resp = first_url_resp
    starred_resp_list.append(json.loads(first_url_resp.text))

    while last_resp.links.get('next'):
        next_url_to_get = last_resp.links['next']['url']
        next_url_resp = requests.get(next_url_to_get, auth= (myun,mypw))
        last_resp = next_url_resp

starred_resp_list.append(json.loads(next_url_resp.text))
```

```
for i in starred_resp_list:
    for j in i:
        sr = j['html_url']
        starred_repos.get(user_name).append(sr)
```

这个函数的工作方式与我们之前调用的函数几乎相同，但它调用了不同的端点。它会将之前作者们加星标的资料库添加到一个字典，我们稍后将使用该字典。

让我们现在调用它。运行可能需要几分钟，具体取决于作者们加标的资料库数量。实际上，我自己的数据超过了 4,000 个加标的资料库。

```
for usr in list(set(my_starred_users)):
    print(usr)
    try:
        get_starred_by_user(usr)
    except:
        print('failed for user', usr)
```

上述代码生成图 10-12 的输出。

请注意，在调用它之前，我将已加星标的用户列表变为了一个集合。我发现了一些重复的用户，这是由于在一个用户句柄下对多个资料库加了星标，所以将列表转化为集合很有意义，它会去除重复的调用。

我们现在需要为所有被加标的资料库，构建一个特征集。

```
repo_vocab = [item for sl in list(starred_repos.values()) for item in sl]
```

接下来，由于多个用户会标注同一个资料库，我们将其转换为一个集合，以删除可能存在的多个重复。

```
repo_set = list(set(repo_vocab))
```

让我们看看这产生了多少库。

```
len(repo_vocab)
```

上面的代码生成了图 10-13 的输出。

我加标的资料库已经超过 80 个了，而所有相关的用户对超过 12,000 个唯一的资料库加过星标。你可以想象，如果我们按照同样的方法进一步获取相关的资料库[1]，那会有多少。

---

[1] 译者注：作者介绍的数据获取方法类似网络爬虫，从作者自己开始，获取加标的库，查看其作者，再获取该作者加标的库，如此往复，可以获取海量数据。

```
podopie
twitter
grangier
bmtgoncalves
bloomberg
donnemartin
cchi
monkeylearn
misterGF
clips
hangtwenty
sandialabs
yhat
d3
```

12378

图 10-12   图 10-13

现在，我们有了完整的特征集，或着说资料库的词汇，我们对于每位用户和每个资料库的组合创建一个二进制向量，如果该用户对该库有加星标，那么为 1，否则为 0。

```
all_usr_vector = []
for k,v in starred_repos.items():
    usr_vector = []
    for url in repo_set:
        if url in v:
            usr_vector.extend([1])
        else:
            usr_vector.extend([0])
    all_usr_vector.append(usr_vector)
```

我们刚刚做的是检查每位用户，看看他们是否为词汇集中的资料库打过星标。如果打过，值就设置为 1，如果没有就是 0。

此时，我们有 12,378 个项目（资料库），79 位用户，以及他们之间的二进制向量。让我们将这些放入一个 DataFrame。行索引将是我们已加星标的用户句柄，而列将是资料库的词汇。

```
df = pd.DataFrame(all_usr_vector, columns=repo_set,
index=starred_ repos.keys())
df
```

上述代码生成图 10-14 的输出。

接下来，为了将我们自己与其他用户进行比较，需要向数据框中添加自己的那行。

```
my_repo_comp = []
for i in df.columns:
    if i in my_starred_repos:
        my_repo_comp.append(1)
```

```
    else:
        my_repo_comp.append(0)

mrc = pd.Series(my_repo_comp).to_frame('acombs').T
mrc
```

	https://github.com/wagerfield/parallax	https://github.com/agibsonsw/AndyPython	https://github.com/behavior
bmtgoncalves	0	0	0
twitter	0	0	0
matryer	0	0	0
bloomberg	0	0	0
donnemartin	0	0	0
cchi	0	0	0
monkeylearn	0	0	0

图 10-14

上述代码生成图 10-15 的输出。

	0	1	2	3	4	5	6	7	8	9	...	12368	12369	12370	12371	12372	12373	12374	12375	12376	12377
acombs	0	0	0	0	0	0	0	0	0	0	...	0	0	0	0	0	0	0	0	0	0

图 10-15

我们现在需要添加适当的列名并将其连接到其他数据框。

```
mrc.columns = df.columns

fdf = pd.concat([df, mrc])

fdf
```

上述代码生成图 10-16 的输出。

Quartz	0	0	0
toddmotto	0	0	0
cemoody	0	0	0
PMSI-AlignAlytics	0	0	0
lukhnos	0	0	0
fivethirtyeight	0	0	0
acombs	0	0	0

图 10-16

你可以看到，在图 10-16 的截图中，我也被添加到 `DataFrame`。

现在，我们只需要计算自己和其他用户之间的相似性。这次我们将使用 `pearsonr` 函数，它需要从 `scipy` 导入。

```
from scipy.stats import pearsonr

sim_score = {}
for i in range(len(fdf)):
    ss = pearsonr(fdf.iloc[-1,:], fdf.iloc[i,:])
    sim_score.update({i: ss[0]})

sf = pd.Series(sim_score).to_frame('similarity')
sf
```

上述代码生成图 10-17 的输出。

我们刚刚所做的是将 DataFrame 中最后一个向量和其他向量进行比较，并生成中心化余弦相似度（Pearson 相关系数）[①]。一些值是 NaN（不是数字），因为他们没有给任何项目标记星号，导致在计算中除以了零。

现在让我们对这些值进行排序，以返回最相似用户的索引编号。

```
sf.sort_values('similarity', ascending=False)
```

上述代码生成图 10-18 的输出。

	similarity
0	NaN
1	NaN
2	0.007047
3	NaN
4	0.134539
5	0.164320
6	NaN
7	0.011832

图 10-17

	similarity
79	1.000000
31	0.204703
5	0.164320
71	0.149323
4	0.134539
64	0.111629
24	0.105784
69	0.091494

图 10-18

这些是最相似的用户，因此，我们可以使他们来推荐自己可能喜欢的资料库。来看看这些用户，以及他们都标记了哪些我们可能喜欢的资料库。

---

① 译者注：根据维基百科的定义，中心化之后，向量间的余弦相似度和 Pearson 相关系数是等价的。

你可以忽略具有完美相似度分数的第一个用户，这是我们自己。按照列表找下去，三个最接近的匹配是用户 31、用户 5 和用户 71。让我们看看每个人。

fdf.index[31]

上述代码生成图 10-19 的输出。

让我们来看看这是谁，以及他们的资料库是什么。

从 https://github.com/lmcinnes，我们可以看到资料库属于谁。

这是 hdbscan 的作者——一个优秀的库——他恰好也是 scikit-learn 和 matplotlib 的贡献者，如图 10-20 所示。

Leland McInnes
lmcinnes

Tutte Institute for Mathematics an
Ottawa, Ontario, Canada
Joined on Apr 15, 2015

'lmcinnes'

图 10-19   图 10-20

让我们看看他对哪些库加了星标。有几种方法来做到这点：我们可以使用自己的代码，或者只是单击他们图片下方的星星。让我们两者都试一下，只是比较并确保一切都是对的。

首先通过代码：

fdf.iloc[31,:][fdf.iloc[31,:]==1]

上面的代码生成图 10-21 的输出。

```
https://github.com/glennq/tga                              1
https://github.com/iamaziz/PyDataset                       1
https://github.com/lmcinnes/hdbscan                        1
https://github.com/jupyter-incubator/kernel_gateway_bundlers 1
https://github.com/lmcinnes/hypergraph                     1
https://github.com/tensorflow/skflow                       1
https://github.com/cehorn/GLRM                             1
https://github.com/mwaskom/seaborn                         1
https://github.com/jupyter-incubator/dashboards           1
https://github.com/scikit-learn/scikit-learn              1
https://github.com/stitchfix/d3-jupyter-tutorial          1
https://github.com/matplotlib/matplotlib                  1
https://github.com/patricksnape/PyRPCA                     1
Name: lmcinnes, dtype: int64
```

图 10-21

我们看到 13 个被标记的资料库。让我们将其和 GitHub 网站提供的那些进行比较，如图 10-22 所示。

图 10-22

在这里，我们可以看到它们是完全相同的。还要注意，我们可以记录自己和这位用户都标记的库：他们是标记为 **Unstar**[1]的那些。

不幸的是，只有 13 个标星的资料库，没有足够的数据来生成推荐。

下一位相似的用户，实际上是一个朋友和前同事，Charles Chi。

```
fdf.index[5]
```

上述代码生成图 10-23 的输出。

他的 GitHub 描述文件如图 10-24 所示。

```
'cchi'
```

图 10-23　　　　　　　　　　图 10-24

---

① 由于自己标记为 star，才会出现 unstar 的操作选项。

在这里，我们看到了他加过星标的资料库，如图 10-25 所示。

图 10-25

Charles 已经标记了 27 个库，所以肯定可以从中发现一些好的建议。

最后，让我们来看看第三个最相似的用户。

fdf.index[71]

这将产生图 10-26 的输出。

用户 Artem Ruster 已经发布了近 500 个资料库，如图 10-27 所示。

```
'rushter'
```

图 10-26   图 10-27

我们可以在图 10-28 中看到他已加星标的资料库。

图 10-28

这绝对是产生推荐内容的沃土。让我们现在开始，使用这三个链接产生一些推荐。

首先，我们需要收集他们已经加星标，而我没有加星标的链接。我们将创建一个 DataFrame，放入我和三位相似用户已加星标的资料库。

```
all_recs =
fdf.iloc[[31,5,71,79],:][fdf.iloc[[31,5,71,79],:]==1].fillna(0).T
```

上述代码生成图 10-29 的输出。

	lmcinnes	cchi	rushter	acombs
https://github.com/wagerfield/parallax	0	0	0	0
https://github.com/agibsonsw/AndyPython	0	0	0	0
https://github.com/taion/scroll-behavior	0	0	0	0
https://github.com/anicollection/anicollection	0	0	0	0
https://github.com/mahmoud/lithoxyl	0	0	0	0
https://github.com/gciruelos/musthe	0	0	0	0
https://github.com/slimkrazy/python-google-places	0	0	0	0
https://github.com/afgiel/video_cnn	0	0	0	0
https://github.com/KristianOellegaard/packer-storm	0	0	0	0
https://github.com/carlsednaoui/ouibounce	0	0	0	0

图 10-29

如果看起来好像全是零，不用担心，这是一个稀疏矩阵，所以大多数都将是 0。让我们看看是否存在我们几个都已加星标的资料库。

```
all_recs[(all_recs==1).all(axis=1)]
```

此代码将产生图 10-30 的输出。

可以看到，不出意外的，我们都喜欢 scikit-learn。让我们看看其他几位标记了哪些我没标记的。先创建一个排除我的数据框，然后，查询共同的加标资料库。

```
str_recs_tmp = all_recs[all_recs['acombs']==0].copy()
str_recs = str_recs_tmp.iloc[:,:-1].copy()
str_recs
```

上述代码生成图 10-31 的输出。

	lmcinnes	cchi	rushter	acombs
https://github.com/tensorflow/skflow	1	1	1	1
https://github.com/scikit-learn/scikit-learn	1	1	1	1

图 10-30

	lmcinnes	cchi	rushter

图 10-31

好吧，看起来我没有错失任何超级资料库。让我们看看是否存在两位共同加标的库。为了找到这些，我们只是将行的内容加和。

```
str_recs[str_recs.sum(axis=1)>1]
```

上述代码生成图 10-32 的输出。

	lmcinnes	cchi	rushter
https://github.com/rasbt/python-machine-learning-book	0	1	1
https://github.com/prakhar1989/awesome-courses	0	1	1
https://github.com/rasbt/pattern_classification	0	1	1
https://github.com/DrSkippy/Data-Science-45min-Intros	0	1	1
https://github.com/numenta/nupic	0	1	1
https://github.com/kjw0612/awesome-rnn	0	1	1
https://github.com/airbnb/aerosolve	0	1	1
https://github.com/ogrisel/parallel_ml_tutorial	0	1	1
https://github.com/ChristosChristofidis/awesome-deep-learning	0	1	1
https://github.com/PredictionIO/PredictionIO	0	1	1
https://github.com/mwaskom/seaborn	1	0	1
https://github.com/okulbilisim/awesome-datascience	0	1	1

图 10-32

这看起来很有希望，因为有一些资料库，被 cchi 和 rushter 都加过星号。看看库的名称，似乎有许多"很棒"（awesome）的项目在其中。也许我应该跳过推荐引擎，直接使用关键字搜索"awesome"。

到目前为止，不得不说我对结果印象深刻。这些肯定是我感兴趣的库，我一定会仔细看看。

现在，我们使用协同过滤生成了推荐，然后通过聚集执行了一点额外的过滤。如果想更进一步，我们可以按照每个被推荐项目收到的星星数来排序。你可以通过 GitHub API 进行另一次调用，来实现这一点。有一个端点会提供此类信息。

为了改进结果，可以做的另一件事情是添加基于内容的过滤。这是我们前面所讨论的混合步骤。我们需要为自己的库创建一组特征，而这些特征可以表明我们的兴趣。一种方法是对加标资料库的名称以及描述进行分词，来创建一个特征集。

这里是我打过星标的库，如图 10-33 所示。

图 10-33

你可以想象，这将生成一组单词特征，我们可以用其审查基于协同过滤的那些推荐。这将包括很多词汇，如 Python、Machine Learning 和 Data Science 等。这将确保与我们不太相似的用户仍然可以提供基于自身兴趣的推荐。它也会减少推荐的"意外之喜"，你需要考虑到这点。例如，有可能某些资料库不同于当前我所标星的库，然而我对它其实很感兴趣。这当然只是一种可能性。

从数据框的角度看，基于内容过滤的步骤会是什么样子？列将是单词特征（n 元语法），行将是从协同过滤步骤产生而来的资料库。我们只需使用自己的库，再次运行相似性比较的过程。

10.5　小结

在本章中，我们了解了推荐引擎。我们学习了当今使用的两个主要类型的系统：协同过滤和基于内容的过滤。我们还了解了如何将它们一起使用并形成混合系统。我们也花了一些时间讨论每类系统的利弊。最后，我们学习了如何使用 GitHub API，从头开始一步一步地构建推荐引擎。

我希望你使用本章中的指导来构建自己的推荐引擎，而且我希望你能找到许多对你有用的资源。我知道我找到了一些自己肯定会使用的东西。

在构建推荐引擎的旅途上，在使用本书所介绍的全部机器学习技术的旅途上，我祝你好运。机器学习打开了一个新的世界，充满了可能性，未来它将影响我们生活中的几乎每一个领域，而你，已经迈出了进入这个新世界的第一步。